Vorwort zur ersten Auflage.

Wozu dieses Buch? Während meiner Tätigkeit auf Säuglingsstationen bin ich des öfteren von strebsamen Pflegerinnen, die teils noch gar keinen theoretischen Unterricht bekommen hatten, teils sich nebenher über einschlägige Fragen orientieren wollten, gefragt worden, ob ich ihnen nicht ein für sie geeignetes Büchlein über Säuglingspflege empfehlen könne. Ich wußte keins. In den zahlreichen Bändchen über allgemeine Krankenpflege ist das Säuglingsalter für die heutigen Anforderungen viel zu stiefmütterlich behandelt, und in den „Ratschlägen für Mütter", deren es ebenfalls eine große Anzahl gibt, ist auf das Moment der Anhäufung vieler Kinder in einem Raum und der dadurch bedingten viel peinlicheren Wartung — gerade das wichtigste Kapitel für unsere Pflegerinnen — wenig oder gar nicht Rücksicht genommen.

Man wird also, glaube ich, vorliegendem Heftchen eine Existenzberechtigung nicht absprechen können, vorausgesetzt natürlich, daß der Stoff zweckentsprechend behandelt ist.

Ich habe mir die Aufgabe gestellt, auf dem Gebiete der Säuglingspflege und -ernährung, mit besonderer Berücksichtigung der Anstaltspflege, das zusammenzustellen, was heute Anspruch auf allgemeine Gültigkeit haben dürfte, und was eine Pflegerin meiner Ansicht nach unbedingt wissen muß. Mein Bestreben war, die Darstellung nicht in die Form bloßer Vorschriften zu kleiden, sondern die gegebenen Anweisungen gemeinverständlich zu begründen und der Pflegerin Verständnis für ihr Tun beizubringen, damit sie in den Stand gesetzt werde, auch in Situationen, die nicht „im Buche stehen", sich zurechtfinden zu können.

Charlottenburg, im Juni 1906.

Pescatore.

Vorwort zur siebenten Auflage.

Ich habe mich entschlossen, in der vorliegenden neuen Auflage den Stoff einer gründlichen Umarbeitung und Erweiterung zu unterziehen. Die Gründe liegen einerseits in den Wandlungen, welche die Ausbildung der Säuglingspflegerin durchgemacht hat, andererseits in der Notwendigkeit, auch die Ausbildung der Mutter, für welche der Inhalt dieses Buches ebenfalls bestimmt ist, auf eine möglichst feste Grundlage zu stellen.

Als Pescatore die 1. Auflage dieses Buches bearbeitete, lag noch kein fest umrissener Plan für die Ausbildung der Säuglingspflegerin vor. Im Laufe der Jahre wurde die Ausbildung vertieft und erhielt schließlich einen gewissen wenn auch vielleicht nur vorläufigen Abschluß durch die Einführung einer staatlichen Prüfung. Auch Anstalten, welche schon vorher die Schulung der jungen Mädchen zur Säuglingspflegerin mit Ernst betrieben hatten, waren nun vor die Aufgabe gestellt, den Lehrplan einer Revision zu unterziehen, Lücken auszufüllen und sich klar zu werden, was in einem Jahre des Unterrichtes am besten erreicht werden kann. Es besteht gar kein Zweifel, daß eine einjährige Ausbildung in der Säuglingspflege im besten Falle dazu befähigt, ein Kind in der Familie nach zweckmäßigen Grundsätzen der Hygiene groß zu ziehen und es im Erkrankungsfalle nach der Anweisung des Arztes zu pflegen.

Unter diesem Gesichtspunkt ist der Inhalt des Buches abgefaßt und auch gegen früher erweitert. Die Pflegerin findet nun alles das, was sie für die Familienpflege des Säuglings braucht und wonach sie unter der Leitung erfahrener Schwestern im Krankenhause arbeiten kann. Beherrscht sie die Materie nicht nur rein äußerlich, sondern ist sie durch die praktische Betätigung in den Sinn ihrer Handhabungen und Beobachtungen eingedrungen, so wird sie nicht nur das Examen gut bestehen, sondern auch an ihrer Aufgabe Freude haben, weil sie sich ihr gewachsen fühlt.

Es wäre das Ideal, das wir anstreben müssen, daß auch jede Mutter über die gleichen Kenntnisse verfügte; denn nicht eine fremde Persönlichkeit, sondern die Mutter soll die Pflegerin ihres Kindes sein. Deshalb ist der Stoff dieses Buches nicht nur für die Familienpflegerin, die ihren Beruf in der Pflege des Kindes sucht und findet, sondern auch für die Mutter bestimmt, deren innerster Beruf es sein muß, die Pflege ihres Kindes auf der Grundlage von Kenntnissen selbständig zu übernehmen. Es ist wichtig, daß sich sowohl

Pflege und Ernährung des Säuglings

Ein Leitfaden für
Pflegerinnen und Mütter

von

Dr. M. Pescatore

Siebente Auflage
(78.—107. Tausend)

bearbeitet von

Prof. Dr. Leo Langstein
Direktor des Kaiserin Auguste Victoria-Hauses
zur Bekämpfung der Säuglingssterblichkeit im Deutschen Reiche

SPRINGER-VERLAG BERLIN HEIDELBERG GMBH

Alle Rechte, insbesondere
das der Übersetzung in fremde Sprachen,
vorbehalten.

ISBN 978-3-642-98332-0   ISBN 978-3-642-99144-8 (eBook)
DOI 10.1007/ 978-3-642-99144-8

Einzelpreis	Bei Abnahme von mindestens	20	Exemplaren	Mk.	2.80
Mark 3.—	,, ,, ,, ,,	50	,,	,,	2.70
	,, ,, ,, ,,	100	,,	,,	2.60

Pflegerin als auch Mutter darüber klar sind, von welchen Erkrankungen das Leben und die Gesundheit ihres Pfleglings resp. Kindes bedroht werden, und deswegen ist in diesem Buche dem Abschnitt über Erkrankungen ein größerer Raum gewidmet als in den vorhergehenden Auflagen.

Es handelt sich bei der Erweiterung dieses Abschnittes jedoch keineswegs darum, ein Halbwissen zu züchten, sondern nur um eine Vertiefung des Verständnisses, die dazu führen muß, daß die Mütter mehr als bisher in Erkrankungsfällen ihrer Kinder die Hilfe eines Arztes in Anspruch nehmen.

Bei der Abfassung der neuen Auflage habe ich mich der Hilfe des Leiters der Pflegeschule des Kaiserin Auguste Victoria-Hauses, des Herrn Dr. Bamberg, zu erfreuen gehabt, dem ich dafür auch an dieser Stelle meinen Dank sage.

Langstein.

Inhaltsverzeichnis.

	Seite
Einleitung	1
Hygienische Vorbemerkungen	5
Körperbau, Funktionen und Entwicklung des Säuglings	7
Pflege des gesunden Säuglings	11
Der erste Liebesdienst	11
Wiederbelebung scheintoter Kinder	13
Sonstiges über das Neugeborene	14
Das Baden des Säuglings	15
Von der Mundreinigung	18
Vom Trockenlegen und Pudern	18
Kleidung	19
Das Bett	22
Das Zimmer	24
Sonstige Pflegeregeln	26
Ernährung des gesunden Säuglings	26
Die natürliche Ernährung (Mutter, Amme)	26
Die Zwiemilchernährung	35
Das Abstillen	36
Die künstliche (unnatürliche) Ernährung	37
Die Beinahrung	46
Die Erziehung des Säuglings	48
Der kranke Säugling und seine Pflege	50
Allgemeines	50
Krankheiten des Neugeborenen	52
Krankheiten als Folgen der Geburt	52
Geburtsverletzungen	52
Erkrankungen der Nabelschnur und Nabelwunde	53
Fäulnis der Nabelschnur	53
Nabelentzündung	54
Wundrose	54
Zellgewebsentzündung	54
Ansteckende Krankheiten	55
Die eitrige Augenentzündung (Blennorrhoe)	55

Schälblasen (Pemphigus)	56
Angeborene Syphilis (Lues hereditaria)	57
Blutungen	58
Mißbildungen	58
Anhang	59
Gelbsucht	59
Schwellung der Brustdrüsen	59
Krankheiten des Säuglings	60
Verdauungskrankheiten und Ernährungsstörungen	60
Diphtherie	62
Masern	62
Scharlach	62
Keuchhusten	63
Windpocken und Impfung	63
Schnupfen	63
Halsentzündung	64
Ohrenerkrankungen	64
Erkrankungen der Lungen	64
Tuberkulose	65
Syphilis	66
Wundinfektionskrankheiten, Wundrose, Wundstarrkrampf, Zellgewebs- entzündung	66
Das Wundsein	66
Englische Krankheit	66
Krämpfe	67
Abnorme Veranlagung (Konstitution)	68
Die Frühgeburt	69
Vom Schreien	72
Die frische Luft als Heilfaktor	73
Maßregeln zur Verhütung der Ansteckung	74
Ratschläge für die heißen Monate zur Verhütung der Sommersterblich- keit des Säuglings	78
Ausführung einiger wichtiger Handgriffe und ärztlicher Verordnungen	81
Händewaschen	81
An- und Ablegen des Mantels	81
Um- und Abbinden der Maske	81
Haltung des Kindes zur ärztlichen Untersuchung	81
Die Untersuchung im Bett	82
Die Untersuchung außerhalb des Bettes	82
Besichtigung des Halses	82
Temperaturmessung	82
Zählen von Atmung und Puls	83
Auffangen von Urin	83

Inhaltsverzeichnis.

	Seite
Auffangen von Erbrochenem	84
Anlegen eines Nabelpflasters	84
Anlegen von Armmanschetten	84
Anlegen einer Ekzemmaske	84
Klystiere	85
Mit der Spritze	85
Mit der Ballonspritze	85
Mit dem Irrigator oder mit dem Trichter und Schlauch	85
Darmspülung	86
Tröpfcheneinlauf	86
Magenspülung bezw. Aushebung	87
Punktion des Brustfellraumes	87
Lumbalpunktion	87
Lagerung bei Erkrankung der Atmungsorgane	87
Lagerung bei Ausfluß aus den Augen bezw. aus den Ohren	88
Anwendung von Wärmekrügen	88
Die verschiedenen Arten der Packungen und Umschläge	88
Der feuchtwarme hydropathische Umschlag	89
Prießnitzumschlag	90
Breiumschlag	90
Abkühlungspackungen	90
Erwärmende Packung	91
Schwitzpackung	91
Senfpackung	92
Senfwickel	92
Medizinische Bäder	93
Eingeben von Medikamenten	94
Kochvorschriften	95
Schleim	95
Mehlabkochungen	95
Beikost	96
Brühgrieß	96
Grießbrei	97
Reisbrei	97
Milchreis	97
Zwiebackbrei	97
Kartoffelbrei	97
Kastanienbrei	67
Apfelreis	97
Makkaroni oder Nudeln	97
Gemüse	98

		Seite
	Kompott	98
	Obstsaft	98
	Quark	98
	Tee	98
Heilnahrungen		98
	Eiweißmilch	98
	Larosanmilch	98
	Buttermilchsuppe	99
	Molke	100
	Malzsuppe	100

Schlußbemerkung 100

Anhang 101

    Besondere Anweisungen für Helferinnen von Fürsorgestellen und Ziehkinderorganisationen von Dr. Effler, Ziehkinderarzt in Danzig . . 101

Sachregister 106

Einleitung.

Die Sterblichkeit der Säuglinge ist trotz zunehmender Säuglingsfürsorge immer noch erschreckend hoch. Ungefähr 300 000 Kinder sterben jährlich in Deutschland, noch bevor sie das erste Lebensjahr erreicht haben, und diese kamen größtenteils lebenskräftig zur Welt. Ihr junges Leben wäre erhalten worden, wenn man sie richtig genährt und gepflegt hätte, und nicht damit gewartet, bis die Krankheit ausbrach.

Stellen wir einen Vergleich an mit anderen Kulturländern, so beträgt beispielsweise die Säuglingssterblichkeit in Schweden 7,2% (d. h. von 100 Kindern sterben 7,2 im ersten Lebensjahre), in Schottland 11,3%, in Deutschland 1912: 14,7, 1913: 15,1, 1914: 16,4 und in Österreich 1912: 18,1%, ja in unserem Vaterlande gibt es Orte, in denen die Säuglingssterblichkeit die unglaubliche Höhe von 35% erreicht. Das heißt in Worten: jedes dritte Kind, das kaum das Licht der Welt erblickt, ist, nachdem es vielfach unsägliche Schmerzen erduldet, dem Tode verfallen, hingemäht auf dem Felde des Elends, der Unvernunft, der Gleichgültigkeit, der Rohheit — zumeist aber der Unwissenheit in den einfachsten Fragen der Säuglingspflege. Eine wahrhaft grausige Tatsache! Sie erfährt eine noch grellere Beleuchtung dadurch, daß es nur um die Säuglinge so schlecht bestellt ist, während die allgemeine Sterblichkeit zurückgeht.

Ist es nicht für jeden fühlenden Menschen eine selbstverständliche sittliche Pflicht, nach Mitteln zu sinnen, wie diesem grausamen Spiel, diesem Massentod unschuldig leidender Wesen, ein Ziel gesetzt werde?

Doch wir wollen ebensowenig Moralprediger sein, als wir berufen sind, an eine religiöse Forderung werktätiger Nächstenliebe zu erinnern. Nur auf folgenden Einwand möchten wir hier hinweisen, der Ihnen gewiß manchmal begegnen wird:

Einleitung.

In unserem Zeitalter, in dem die fortschreitende Naturerkenntnis und die soziale Frage einen so breiten Raum im öffentlichen Leben einnehmen, ist es nicht zu verwundern, daß die Frage auftauchte, ob es denn überhaupt im Interesse der Menschheit liege, die schwächlichen Existenzen durchzubringen, ob man damit nicht gegen das sog. Gesetz der „natürlichen Auslese" verstoße, demzufolge die Natur selbst es übernimmt, die minderwertigen Individuen zu beseitigen, um den kräftigen und gesunden den Platz frei zu machen und so die Rasse zu vervollkommnen.

Diese Erwägung schien logisch und beachtenswert, und so machten sich denn die Gelehrten daran, zahlenmäßig nachzuweisen, wie es sich in Wirklichkeit verhält. Wäre jene Anschauung richtig, so müßte in den Zeitabschnitten, beziehungsweise in den Gegenden, wo die Sterblichkeit des ersten Lebensjahres **groß** ist, die der folgenden Jahre besonders **gering** sein, da ja die Schwächlinge schon vorher beseitigt und die Kräftigen übrig sind. Was ergab die Nachforschung? **Gerade das Gegenteil**: wenn viele Säuglinge sterben, so fordern auch die nächstfolgenden Lebensjahre eine größere Zahl von Opfern, ja es wird sogar die Militärtauglichkeit nach der entsprechenden Zeit eine mindere. Das erklärt sich dadurch, daß eben **die** Schädlichkeiten, die so viele Kinder des ersten Jahrganges dahinraffen, auch die übrigen, die davonkommen, in ihrer Gesundheit schädigen, so daß diese den später auf sie einwirkenden Einflüssen nicht gewachsen sind.

Übrigens hat es mit **natürlicher Auslese** nichts zu tun, wenn wir wissen, daß die meisten Opfer lebenskräftig geboren sind und größtenteils durch vermeidbare Schädigungen zugrunde gehen. Das ist vielmehr eine durch Menschenhand vollzogene künstliche Auslese.

Und wie groß ist der durch die hohe Sterblichkeitsziffer verursachte Verlust an Volkskraft und Volksvermögen!

Sie sehen also: eine jede Betrachtungsweise führt zur Notwendigkeit einer angestrengten Säuglingsfürsorge. Gar viele können ihr Scherflein beitragen. Die Zeit ist da, wo in dem gleichen Sinne Hand in Hand arbeiten mit edlen Frauen der Arzt und der Gelehrte, der Techniker, der Landwirt, der Verwaltungsbeamte.

Die Bewegung der Säuglingsfürsorge, des Säuglingsschutzes, schwillt mächtig an. Was nottut, ist, daß ein gemeinsamer Gesichtspunkt die verschiedenartigen Wege der Bekämpfung der Säuglingssterblichkeit verbinde, damit keine Zersplitterung der Kräfte stattfinde. **Durch die Vereinfachung der Bestrebungen wird die Verbesserung kommen.**

Einleitung.

Die Aufklärung der Mütter des Volkes ist der beste Säuglingsschutz. Eine nahe Zukunft wird es bringen, daß in den oberen Klassen der Volksschulen und in den Mädchenfortbildungsschulen der Unterricht in der Säuglingspflege wichtiger für das Volkswohl erscheint als manche mit vielen Schweißtropfen auswendig gelernte Sprüche und Regeln. Durch die Beratung der Mütter in den zahlreichen bereits vorhandenen Fürsorgestellen ist heute schon die Möglichkeit gegeben, daß vernünftige Regeln über Ernährung und Pflege des Säuglings weiteste Verbreitung finden. Leider wird von dieser Möglichkeit noch nicht genügend Gebrauch gemacht; deswegen ist es notwendig, daß die Einrichtung der Fürsorgestellen bekannter werde und die Mütter bei der Entlassung aus den Entbindungsanstalten bzw. durch ihre Hebammen veranlaßt werden, ihre Kinder unter Aufsicht einer Fürsorgestelle zu stellen.

Und an der Aufklärung sollen mit in erster Reihe Sie, Pflegerinnen, sich beteiligen. Wo immer im Leben sich Gelegenheit bietet, müssen Sie vernunftgemäße Ansichten verbreiten und schädliche, oft gar tief eingewurzelte Unsitten ausrotten helfen. Das ist eine Seite Ihres verantwortungsvollen Berufes.

Was wird von einer tüchtigen Kinderpflegerin verlangt?

Die Eigenschaften, die jeder ehrenhafte Mensch mitbringt, als da sind: Ehrlichkeit, Fleiß, Pflichttreue, genügen ja im Verein mit entsprechenden Kenntnissen und einer gewissen Intelligenz für die meisten anderen bürgerlichen Berufe. Für eine Pflegerin genügen sie nicht; sie sind so selbstverständlich, daß sie kaum erwähnt zu werden brauchen.

Wer da glaubt, seine Stellung rein als Lebensunterhalt wählen zu können, und sich damit begnügt, nur den Dienstvorschriften nachzukommen, der irrt sich, der füllt seinen Platz nicht aus. Eine Säuglingspflegerin, die nur ihre Pflicht erfüllt, sollte den Beruf lieber lassen. **Ihr edler Beruf verlangt mehr von Ihnen, verlangt Höheres.** Er fordert Dienste, die in keiner Vorschrift stehen, die nicht bezahlt und belohnt werden können, für die Ihnen niemand dankt, nicht der Vorgesetzte und auch nicht oder doch nur sehr selten der, dem Sie sie erweisen. Es ist die bedingungslose stete Hilfsbereitschaft bei Tag und bei Nacht ohne Rücksicht auf eigene Bequemlichkeit, wenn der Zustand des Ihnen anvertrauten Schützlings es verlangt; es ist das gefühlvolle Eingehen auf die vielen kleinen Wünsche und Bedürfnisse der armen schmerzgequälten Wesen, die ihr Verlangen nicht aussprechen und Sie nicht bitten können; es ist das Bemühen, sich hineinzuleben in ihren Seelenzustand, um den feinsten Stimmungswechsel

Einleitung.

in den Augen zu lesen, des Kindes Schmerz und Freude mitzufühlen, so tief und wahr, daß in Ihrem Innern die Saiten gleichgestimmter Empfindungen mitklingen.

Und wenn Sie dann in stillen Stunden das Gefühl innerer Befriedigung überkommt und Ihnen sagt, daß Sie hienieden am rechten Flecke stehen, und wenn Sie einmal aus dem letzten Blick eines Lieblings, wenn er für immer Sie verläßt, etwas wie Dank herauslesen, Dank für alles, was Sie ihm getan, so wird das für Sie mehr sein als Lohn, den Menschen Ihnen zahlen können.

Gleich zu Anfang ein wichtiger Ratschlag: Hüten Sie sich vor ungebetenen Beratern. Vorschläge werden Ihnen tausendfach gemacht; jede Bekannte kann Ihnen etwas anderes empfehlen. Jede hat ihre besondere Erfahrung mit irgendeiner Methode, z. B. einer besonderen Art der Ernährung, gemacht. Das beweist nur, daß bisweilen einmal das eine oder andere Kind unter den verschiedenartigsten, selbst ungünstigen Umständen zu gedeihen vermag. Ob das aber Ihr Pflegling auch kann, wer will das vorhersagen? Warum wollen Sie das wagen? Halten Sie sich lieber an das, was an vielen tausend Kindern herausgefunden und wissenschaftlich begründet ist.

Führen Sie jede Ihrer Handlungen mit der größten R u h e aus. Bleiben Sie ruhig, selbst dann, wenn ein Todesfall nach dem andern Ihnen den Mut fast rauben will. Ruhe, Sicherheit und Verschwiegenheit bedeuten die Dreieinigkeit, in der die Säuglingspflegerin lebt, webt und wirkt. Und wie hoch von ärztlicher Seite die Arbeit einer g u t e n Säuglingspflegerin bewertet wird, mögen Sie aus folgenden Sätzen ersehen: Die Ärzte dürfen nicht auf die Kinderpflegerin oder Wärterin von oben herabsehen und glauben, daß dazu das theoretische Wissen die Berechtigung abgibt. Sie müssen vielmehr die Pflegerinnen zu einer zweckmäßigen Beobachtung der Kinder anleiten und müssen selbst lernen, aus den Beobachtungen der Pflegerinnen die notwendigen Schlüsse zu ziehen. Die Pflegerin muß sich mit verantwortlich fühlen für die ihr anvertrauten Säuglinge. Sie muß in der Lage sein, selbständig Änderungen treffen zu können, wenn sie merkt, daß die Verordnungen des Arztes keinen befriedigenden oder gar einen unerwarteten Erfolg hatten. Will man ihr diese Selbständigkeit nicht zugeben, dann muß ein Arzt jeden Augenblick erreichbar sein und wegen jeder auch scheinbaren Kleinigkeit zu Rate gezogen werden können. Dies sind in einer Anstalt, wo viele Säuglinge verpflegt werden, schwer durchführbare Maßnahmen. Sie müssen aber durchgesetzt werden, wenn mehr als bisher erreicht werden soll.

Hygienische Vorbemerkungen.

Mit Beschämung gedenken wir noch der Zeit — sie liegt gar nicht weit hinter uns — da die Säuglingsabteilung das Stiefkind der Krankenhäuser war, die Sterblichkeit in ihnen eine unglaubliche Höhe erreichte, die Mütter nur mit Grausen ihr Kind einem Spital anvertrauten, überzeugt, daß von da bis zum Kirchhof nur ein kurzer Weg sei.

Jetzt ist es anders geworden; die moderne Säuglingsabteilung hat ihre Schrecken verloren, seitdem gut geschulte Pflegerinnen mit Verständnis den Dienst versehen, die genau wissen, wovon die guten Erfolge abhängen. Wie heißt denn das Zauberwort, das in erster Linie die Richtschnur Ihres Denkens und Handelns ist? S a u b e r k e i t, p e i n l i c h s t e S a u b e r k e i t.

Von der R e i n l i c h k e i t i n g e w ö h n l i c h e m S i n n e brauche ich nicht viel zu sagen. Daß alles, was überhaupt mit dem Kranken in Berührung kommt, wie Eßgeschirr, Wäsche, Bettstelle, Fußboden und vor allem Ihre Hände und Kleider blitzsauber sein sollen, ist für Sie ja Ehrensache. Wenn ein Fremder den Krankensaal betritt, soll er sprachlos sein über die Ordnung, die bis ins kleinste dort herrscht: jedes Gläschen und Büchschen steht an seinem Platz, die Betten sind ausgerichtet, die Waschvorrichtung ist so appetitlich rein, als wenn man daraus essen wollte, nirgends ist ein Stäubchen zu entdecken. Es ist nicht übertrieben, wenn man verlangt, daß eine S ä u g l i n g s a b t e i l u n g b l i t z e n s o l l w i e e i n m o d e r n e r O p e r a t i o n s s a a l.

Warum werden so hohe Anforderungen gestellt? Hiermit kommen wir zum zweiten und wichtigsten Punkt, zur R e i n l i c h k e i t i m m e d i z i n i s c h e n S i n n e, z u r „A s e p s i s".

Sie alle hören so oft das Wort „B a k t e r i e n". Was sind das für Kreaturen? Es sind die geschworenen Feinde der Säuglingsabteilung. Bakterien, mit den Unterabteilungen Kokken, Bazillen und Spirillen, sind kleinste, nur mikroskopisch sichtbare, aus einer Zelle bestehende Lebewesen, die zur niedersten Stufe des Pflanzenreichs gehören. Nicht alle sind dem Menschen schädlich, doch eine große Anzahl bildet die Erreger unserer ansteckenden Krankheiten.

Sie müssen wissen, daß fast alle a n s t e c k e n d e n K r a n k h e i t e n, wozu auch gewisse Darmkatarrhe der Säuglinge gehören, unter anderm d u r c h B e r ü h r u n g übertragen werden, und zwar genügen zur Ansteckung (Infektion) mikroskopisch kleine Staubteilchen, die diese Bakterien enthalten, so klein, daß man sie mit dem bloßen Auge gar nicht erkennen kann. Und doch muß man sich vor ihnen schützen können. Sie verstehen, daß es keine leichte Sache ist, sich eines Feindes zu erwehren, den man nicht sieht. Nehmen wir den Kampf auf! Der Preis sind die uns anvertrauten kleinen Menschenleben.

Zunächst sind wir Ihnen noch die Erklärung einiger Begriffe schuldig. Daß „infizieren" „anstecken" heißt, wissen Sie schon. Was bedeutet das Wort „desinfizieren"? Es heißt, von Ansteckungskeimen befreien, die anhaftenden Bakterien vernichten. Wie macht man das?

Bakterien werden getötet erstens durch Feuer, zweitens durch kochendes Wasser, drittens durch strömenden Wasserdampf (von 100° C), wenn er mindestens $1/4$ Stunde einwirkt, viertens durch gewisse Chemikalien (sog. Desinfektionsmittel), deren es feste, flüssige, pulverförmige und gasförmige gibt. Von allen vier Methoden machen wir Gebrauch, wenn wir Gegenstände desinfizieren wollen.

Die erste (Verbrennen) ist die radikalste, doch kommen im allgemeinen nur Sachen in Betracht, die keinen großen Wert haben, z. B. gebrauchte Verbandstoffe, Watte, Jute, Holzspatel, Spielsachen usw.

Die zweitwirksamste Art ist die Desinfektion durch **Auskochen oder strömenden Dampf**. Von ihr wird der ausgiebigste Gebrauch gemacht. Man wendet sie überall da an, wo diese Prozedur vertragen wird, vor allem bei Instrumenten, Verbandstoffen, Kleidung und Wäsche.

Die **Desinfektionsmittel** endlich kommen zur Anwendung in den Fällen, wo man die betreffenden Gegenstände weder ins Feuer werfen noch einer Temperatur von 100° aussetzen kann. Dahin gehören: der menschliche Körper, speziell die Hände, dann Thermometer, feinere Apparate, die Kautschuk-, Gummi- und Lederwaren, Bettstellen, Fußböden. Für ganze Zimmer ist die Desinfektion durch Formalindämpfe die gebräuchlichste.

Ist ein Gegenstand von lebenden Keimen befreit, so nennt man ihn keimfrei oder „steril". Durch Kochen wird eine zuverlässigere Keimfreiheit erzielt als durch Desinfektionsmittel, da letztere oft in enge Spalten und unter Schmutz und Fettteilchen nicht genügend hingelangen. Es ist deshalb in jedem Falle eine mechanische Reinigung durch Abwaschen und Abbürsten vorauszuschicken. **Die Sterilität hört auf, wenn die sterilen Sachen eine Zeitlang der Luft mit ihren Bakterien ausgesetzt waren, oder wenn sie mit Nichtsterilisiertem in Berührung gekommen sind.**

Der letzte Satz ist von ungeheurer Wichtigkeit. Verlangt beispielsweise der Arzt ein steriles Instrument (eine Spritze od. dgl.), das Sie nach Vorschrift ausgekocht haben, so ist dasselbe vom Moment des Kochens ab ein „Kräutchen-rühr-mich-nicht-an", von dem Sie sich mit Ihren Händen, Ärmeln oder andern Gegenständen so weit wie möglich fernhalten müssen. Ja selbst das Herausnehmen mit einer einige Zeit vorher sterilisierten Kornzange ist verboten, da es keineswegs sicher ist, ob letztere durch das Liegen an der Luft oder gar durch unbemerktes Berühren die Sterilität nicht bereits eingebüßt hat. Sie reichen also die frischausgekochte Spritze in dem Drahtnetzeinsatz selbst hin oder besser noch in einer frisch sterilisierten, mit einem sterilen Tuch ausgelegten Schale.

Glauben Sie nicht etwa, daß dieses Vorgehen nur in Operationssälen nötig ist. Gerade auf einer Säuglingsstation ist die peinlichste Gewissenhaftigkeit ebenso wie dort eine absolute Notwendigkeit. Keine Altersstufe ist so ungeheuer empfänglich für Ansteckungskeime wie das Säuglingsalter.

Doch der gute Wille allein nützt uns nicht; es gehört unbedingt zur Säuglingspflege ein **hinreichendes Verständnis** für die vorhin berührten Fragen. Die großen Fortschritte auf unserm Gebiete, die bedeutende Herabminderung der Sterblichkeit der Anstaltssäuglinge verdanken wir nicht allein der Wissenschaft und der Tüchtigkeit der ärztlichen Leiter; auch die intelligenten Pflegerinnen, die den Geist dessen erfaßt haben, worauf es ankommt, können mit Recht einen guten Teil des Ruhmes für sich beanspruchen.

Körperbau, Funktionen und Entwicklung des Säuglings.

Der Säugling ist durchaus nicht die einfache Verkleinerung des Erwachsenen, weder im Äußeren noch im feineren Bau und den Leistungen der inneren Organe.

Sehen wir ihn uns einmal genauer an, den kleinen Menschen. Arme und Beine zu kurz, der Leib zu voll, die Brust walzenförmig und schmaler als der Schädel, der Kopf zu groß, der Hals kaum vorhanden.

Stört uns dies? Bildet nicht vielmehr dieses eigenartige Verhalten, die Unbeholfenheit der Bewegungen im Verein mit dem auffallenden Glanz der großen Augen, der zarten Haut und dem weichen Haar, dem erstaunten Gesichtsausdruck, bilden sie nicht gerade den **Liebreiz des Kindes?**

Das eben geborene Kindlein ist das hilfloseste Wesen, das es gibt. Ein Küchlein kann gleich umherlaufen und sich Nahrung suchen, das Hündlein krabbelt, obschon es blind ist, hierhin und dorthin und schmiegt sich an die Mutter an; das Menschlein ist ganz auf fremde Hilfe angewiesen. Es bleibt liegen, wohin man es legt; es hat weder Federn noch Pelz, es friert. Neun Monate war es von der stets gleichen Temperatur des mütterlichen Organismus umgeben, wurde es von dessen Säftestrom ernährt. Und nun auf einmal diese Veränderung! Die Wärme der Umgebung sinkt plötzlich von 37 auf 19° C, der Blutstrom der Nabelschnur wird unterbunden; das hilflose Wesen muß atmen, und ins Innere der Lungen tritt die kalte Außenluft. Zur Nahrungsaufnahme hat es anfangs weder Lust noch Kraft; es muß sich erst durch einen langen erquickenden Schlaf von seinem Schrecken erholt haben.

In den ersten vier bis fünf Tagen nimmt gewöhnlich das Gewicht um zwei- bis dreihundert Gramm ab, um erst in der zweiten oder dritten Woche den ursprünglichen Wert wieder zu erreichen.

Das Anfangsgewicht des ausgetragenen Neugeborenen beträgt im Durchschnitt bei Knaben 3300, bei Mädchen 3100 g.

Um einen beiläufigen Anhaltspunkt für die Gewichtszahlen in jedem einzelnen Monat zu haben, können Sie sich folgendes merken:

Das Gewicht ist bis zum 5. Monat gleich der Monatszahl $\times 600$ addiert zum Anfangsgewicht, dann bis zum ersten Jahr gleich der Monatszahl $\times 500$ addiert zum Anfangsgewicht, z. B. Anfangsgewicht 3000. Wie groß ist das Gewicht im 4. Monat? Anfangsgewicht 3000, Monatszahl 4, also Gewicht im 4. Monat $= 3000 + (4 \times 600) = 5400$. Wie groß ist das Gewicht am Ende des 5. Monats? Anfangsgewicht 3000, Monatszahl 5, also Gewicht am Ende des 5. Monats $= 3000 + (5 \times 600) = 6000$. Wie groß ist das Gewicht im 12. Monat? Anfangsgewicht 3000, Monatszahl 12, also Gewicht im 12. Monat $= 3000 + (12 \times 500) = 9000$. Merken Sie sich also, daß das Gewicht nach $1/2$ Jahr sich gewöhnlich verdoppelt, nach 1 Jahr verdreifacht, ferner daß es nach 6 Jahren sich gewöhnlich versechsfacht, nach 12 Jahren verzehnfacht.

Die Körperlänge beträgt in unseren Breitegraden bei der Geburt in der Regel 50 cm, nach einem Jahre ungefähr 71 cm. Die Haut ist rot, glatt und nur stellenweise (an Schultern und Oberarmen) noch mit feinem Flaumhaar bedeckt. Der Kopf trägt schon ganz reichliches, meist dunkles Haar, das jedoch nach einigen Wochen wieder ausfällt und hellerem Platz macht. Die Schädelknochen sind zwar fest, doch gegeneinander verschiebbar; man erkennt ganz deutlich die einzelnen Knochenplatten. Zwischen diesen befinden sich die häutigen „Nähte" und die „Fontanellen" (Lücken), vorn die große und hinten die kleine. Ein Blick auf einen knöchernen Schädel wird Ihnen die Verhältnisse klar machen. Die Nägel sind schon vollkommen ausgebildet und reichen bis an oder über die Finger- und Zehenspitzen. Der Brustkorb ist walzenförmig, auf dem Durchschnitt also rund; er plattet sich erst im Laufe der Entwicklung allmählich von vorn nach hinten ab. Der Brustumfang (etwa 33 cm) ist beim Neugeborenen meist um einige Zentimeter kleiner als der des Kopfes (35 cm); erst gegen Ende des Jahres sind beide Zahlen annähernd gleich (etwa 45 cm).

Die Schleimhäute, sowohl die des Mundes wie des Magendarmkanals, sind äußerst zart und empfindlich.

Der Magen liegt noch nicht quer wie beim Erwachsenen, sondern steht fast senkrecht.

Die Nabelschnur besteht im wesentlichen aus drei Adern, die die Ernährung des Kindes bis zur Geburt vermittelt haben. Durch die beiden Nabelschlagadern (Arterien) pumpt das kindliche Herz das verbrauchte Blut in den Fruchtkuchen, von wo es gereinigt und mit den zum Leben nötigen Stoffen beschickt durch die Nabelblutader (Vene) dem Körper wieder zugeführt wird. Normalerweise trocknet der Nabelschnurrest in wenigen Tagen ein und fällt am 5. bis 6. Tage von selbst ab. An seiner Stelle bleibt eine Fläche bestehen, die, zunächst wund, sich nach weiteren 8 Tagen überhäutet hat und den bleibenden Nabel bildet.

Der Urin ist meist farblos. Er wird während des Wachens außerordentlich häufig, während des Schlafes viel seltener entleert. Die tägliche Menge beträgt $^2/_3$ der aufgenommenen Flüssigkeit. Es würde also beispielsweise ein Kind im zweiten Halbjahre, das ungefähr einen Liter trinkt, in 24 Stunden etwa 600 g Urin entleeren.

Der Stuhl der ersten Tage ist schwarzgrün, zähe und wird Meconium (Kindspech) genannt. Der Brustmilchstuhl, der ungefähr am 3. Tage zum erstenmal entleert wird, ist ein dicklicher, goldgelber Brei, sieht aus wie Rührei und riecht säuerlich, nicht unangenehm. Er erfolgt im Durchschnitt zweimal des Tages. Häufige, dünne, mit weißen Flocken gemischte oder grünliche, unter Pressen oder spritzend entleerte Stühle lassen auf eine Verdauungsstörung schließen. In solchen Fällen hat die Pflegerin auf die Zuziehung eines Arztes zu drängen.

Muskeln. Die ersten Bewegungen sind automatisch, ungewollt. Schon Ende des 2. Monats wird der Versuch gemacht, den Kopf zu heben; aber erst im 4. Monat wird der Kopf beim Tragen einigermaßen fest aufrecht gehalten. Greifversuche macht das Kind Ende des 4., Sitzversuche im 5. Monat. Setzt man es dann anfangs des 2. Halbjahres auf den Boden, so wird es bald umherkrabbeln, sich im 9. Monat langsam aufrichten und in den folgenden sicher am Stuhl stehen lernen. Freies Gehen gelingt meist erst anfangs des 2. Jahres.

Das erste Lächeln beglückt die Mutter meist nach 5½ Wochen.

Augen. Die ersten 14 Tage ist das Neugeborene noch lichtscheu; es muß sich erst langsam an den Übergang von der Finsternis, in der es bisher gewesen, an des Lebens Sonnenschein gewöhnen. Die Bewegung der Augen ist anfangs ganz ungeordnet; die Augäpfel drehen sich nicht gleichsinnig, ein zeitweises Schielen ist nicht beängstigend. Erst nach der 6. Woche beginnt das Kind zu fixieren, das heißt einem glänzenden Gegenstand mit dem Blicke zu folgen. Tränen beobachtet man meist erst im 3. Monat.

Gehör. Das Neugeborene ist taub. Beim Beginn der Hörfähigkeit (nach 2—3 Wochen) schreckt es auf laute Geräusche leicht zusammen. Erst nach 2 Monaten dreht es das Köpfchen der Richtung des Schalles zu.

Der Schlaf. Die ersten 4—6 Wochen schläft das Kind fast ununterbrochen und meldet sich nur zur Fütterung. Auch in den nächsten Monaten wacht es nur gelegentlich auf ein halbes Stündchen.

Die Fontanelle schließt sich normalerweise zwischen 10. bis 12. Monat. Verspäteter Fontanellenschluß deutet meist auf englische Krankheit.

Zahnentwicklung. Am Ende des ersten Halbjahres erscheinen die ersten Zähnchen; es sind die beiden unteren mittleren Schneidezähne. Etwa 6—8 Wochen später kommen die entsprechenden oberen und daran anschließend daneben die oberen äußeren Schneidezähne. Im 10. bis 12. Monat brechen auch die unteren äußeren Schneidezähne durch. Ein einjähriges Kind soll also seine 8 Vorderzähne vollzählig haben. Erst am Ende des 2. Jahres ist das Milchzahngebiß (20 Zähne) vollständig.

Die leider so ungeheuer tief eingewurzelten falschen Anschauungen, die über das Zahnen herrschen, haben schon vielen Kindern das Leben gekostet. Daß der mit dem Durchbrechen eines Zahnes bisweilen verbundene Speichelfluß und die vielleicht vorhandenen Schmerzen oder der unruhige Schlaf in einigen Fällen geringgradige Störungen mit sich bringen könnten, wollen wir nicht bestreiten. Niemals aber ist das Zahnen Ursache irgend einer Erkrankung, weder von Fieber, noch von Krämpfen, Hautausschlägen oder Durchfall. Zahnkrankheiten gibt es nicht. Stets liegt bei Vorhandensein einer Erkrankung ein anderer Grund vor als das „Zahnen". Wie denkt aber das Volk? Da die Vorbereitungen der Zahnentwicklung am ersten Lebenstage schon im Gange sind, und das erste Gebiß erst am Ende des zweiten Jahres vollendet ist, so können für den Sorglosen und Bequemen alle nur denkbaren Krankheiten der beiden ersten Lebensjahre auf „schweres Zahnen" zurückgeführt werden. Der vermeintliche Nutzen der Zahnhalsbänder und ähnlicher schwunghafter Handelsartikel beruht natürlich auf Aberglauben. Sie nützen durchaus nicht, können aber schaden, da sie oft unsauber gehalten sind.

Puls und Atmung antworten auf Gemütsbewegungen leicht mit Unregelmäßigkeit. Das Neugeborene hat ungefähr 135 Pulsschläge und 35 Atemzüge in der Minute, also ungefähr doppelt so viel wie der Erwachsene. Ende des ersten Jahres haben sich diese Zahlen auf 120 bzw. 25 vermindert.

Die Körperwärme (im Darm gemessen) schwankt zwischen 36,4 und 37,3° C bei gesunden Säuglingen. Bei Frühgeborenen ist sie gewöhnlich tiefer.

Gelbsucht der Neugeborenen. Bei den meisten Kindern tritt am 2. oder 3. Tage eine Gelbfärbung der Haut auf, bald nur angedeutet, bald stärker. Sie dauert ungefähr eine Woche und verschwindet dann langsam. Dieser Vorgang ist in seinen leichten Graden fast stets harmloser Natur. Dauert die Gelbsucht über die vierte Woche an, so liegen krankhafte Verhältnisse vor.

Hexenmilch. Bei vielen Neugeborenen schwellen die Brustdrüsen einige Tage nach der Geburt an, um nach einigen Wochen ganz von selbst ihr normales Aussehen wiederzugewinnen. Es darf an ihnen nicht herumgedrückt werden, damit keine Entzündung entsteht.

Pflege des gesunden Säuglings.

Der erste Liebesdienst.

Sie alle können einmal, sei es in Notfällen, sei es, weil Sie Ihre gern gesehene verständnisvolle Hilfe anbieten, in die Lage kommen, bei einer Geburt anwesend sein zu müssen, um der Hebamme die kleinen Besorgungen abzunehmen und dem neuen Weltbürger die ersten Dienste zu erweisen.

Gesetzt den Fall, das Kind ist geboren, lebt und ist abgenabelt, die Mutter ist sehr schwach und verliert viel Blut, so daß die Hebamme vollauf mit dieser beschäftigt ist und Ihnen notgedrungen die Besorgung und Verantwortung für das Kleine überläßt. Was machen Sie mit dem Kind? Das sollen Sie jetzt erfahren.

Erschrecken Sie nur nicht über die hilflose, weiche, über und über mit „Käseschleim" bedeckte Masse, die Ihnen in die Hand gedrückt wird; es ist noch nicht das reizende Kindchen, das Sie vielleicht erwartet haben. Das wird es erst unter Ihrer sachgemäßen Pflege.

Die Hebamme wird schon vor der Geburt die nötigen Vorkehrungen getroffen und Ihnen ans Herz gelegt haben, den Küchenofen in Brand zu halten, damit jederzeit ausreichend heißes Wasser — ebenso wie auch kaltes — vorhanden ist, um im richtigen Moment das Bad zu mischen. Am Ofen hängen Tücher zum Trocknen sowie die ersten Bekleidungsstücke; alles soll hübsch warm gehalten werden. Um möglichst im Einklang mit der Hebamme arbeiten zu können, wird es für Sie von Wert sein, zu erfahren, welche Anweisung derselben über die erste Besorgung des Kindes in ihrem Unterricht gegeben wird. Wir geben Ihnen deshalb den Wortlaut des § 217 des offiziellen preußischen Hebammenlehrbuches. Derselbe lautet:

„Das Kind wird zuerst **gebadet**. Das Badewasser soll 35° C warm sein. Die Temperatur des Badewassers ist stets mit dem Badethermometer zu prüfen. Es ist eine Fahrlässigkeit, nur die Hand dazu zu nehmen. In dem Badewasser, welches den ganzen kindlichen Körper mit Ausnahme des Gesichts bedecken soll, wird das Kind gereinigt vom anhaftenden Kindsschleim. Hierzu nimmt man Watte, aber niemals einen Schwamm. Ist der Körper des Kindes stark mit Kindsschleim bedeckt, so kann man ihn durch Abreiben mit Öl besser entfernen. **Die Augen des Kindes sollen aber nie mit dem Badewasser in Berührung kommen,** sondern mit Watte, die in besonderes reines Wasser getaucht ist, gereinigt werden.

Nach dem Bade legt die Hebamme das Kind in eine Windel und lockert die Unterbindungsschleife an der Nabelschnur, zieht den Knoten noch einmal fest zusammen und **setzt auf den ersten Knoten einen zweiten recht festen.** Es ist das vorsorglich, da in dem Bade sich die erste Unterbindung gelockert haben könnte. Das Kind wird nun auf etwaige Mißbildungen besichtigt. Man beachte besonders, ob After= und Harnröhrenöffnung regelmäßig vorhanden sind. Jetzt erst erfolgt die Anlegung des Nabelverbandes, die mit durchaus reiner Hand vorzunehmen ist. Der Nabelstrang wird in einen kleinen

Bausch von der Gaze, welche die Hebamme mit sich führt, geschlagen, nach oben an den Leib des Kindes gelegt und mit einer etwa 4 Finger breiten Binde (Nabelbinde), die um den Leib des Kindes gewickelt wird, befestigt. Nachdem dies geschehen ist, messe die Hebamme das ausgestreckte Kind mit dem Bandmaß. Die gefundene Zahl ist in das Tagebuch einzutragen.

Sodann wird das Kind **angekleidet und in sein Bettchen gelegt.** Die Bekleidung des Kindes sei warm, aber so eingerichtet, daß es seine Glieder bewegen kann; ein Hemd, ein Jäckchen, eine Windel und ein Flanelltuch sind nötig. Die Arme bleiben frei. Bei der Besorgung des Kindes beachte man, ob es kräftig schreit. Bleiben kräftige Schreie aus, oder wimmert das Kind nur von Zeit zu Zeit, so reibe die Hebamme den Rücken des Kindes mit einer Windel, klopft es auch auf den Steiß. Es ist durchaus nötig, daß das Neugeborene in den ersten Minuten seines Lebens gut die Lungen mit Luft füllt, was durch kräftiges wiederholtes Schreien angezeigt wird. Ist das Kind scheintot, so mache die Hebamme sofort die Wiederbelebung, wie später gelehrt wird."

All das geschehe in der Nähe des warmen Ofens und so rasch wie möglich, um eine Abkühlung zu vermeiden. Abtrocknen und Ankleiden erfolgen in den vorgewärmten Stücken. Ist eine Wage vorhanden, so wäge man das Kind, aber im warmen Tuche, dessen Gewicht nachher abzuziehen ist. **Vergessen Sie nicht, an die Augentropfen zu erinnern** (äußerst wichtig! vgl. Seite 55).

Weiterhin ist es sehr wichtig, zu beachten, daß **zuerst das Kind und nachher** die Wöchnerin besorgt wird, da der Wochenfluß fast stets für das Kind schädliche und oft sogar sehr gefährliche Keime enthält, die unter keinen Umständen auf das Kind übertragen werden dürfen. Bei septischer Erkrankung der Mutter ist doppelte Vorsicht vonnöten (vgl. auch Nabelsepsis, Seite 53).

Wiederbelebung scheintoter Kinder.

Will das Neugeborene aus irgendeinem Grunde nicht atmen, obschon das Herz noch durch sein Schlagen Leben verkündet, so muß Ihr erster Griff sein, mit einem Gazeläppchen den Mund vom Schleim zu befreien und dann das Kind an den Beinen mittels Zangengriff hochzuheben, damit die in Rachen und Luftröhre befindliche Flüssigkeit ablaufen kann.

Die eigentlichen Belebungsmittel bestehen erstens in **Hautreizen**, zweitens in **künstlicher Atmung**.

Der einfachste Reiz sind kräftige Schläge auf das Gesäß, Anblasen des Gesichts sowie Anspritzen mit kaltem Wasser, Reiben des Rückens mit einem Tuche und Kitzeln der Nase mit einer Feder. In vielen Fällen wird dadurch schon kräftiges Schreien und damit die Atmung ausgelöst. Starke Reize stellen dar: Übergießen mit kaltem Wasser oder Eintauchen bis an den Hals in einen Eimer kalten Wassers, aber nur für einen Moment, und anschließendes warmes Bad. Dieses Verfahren kann mehrmals wiederholt werden.

Will das Kind auch jetzt noch nicht schreien, so hilft nur die künstliche Atmung, die von Arzt oder Hebamme meist in Form der „**Schulzeschen Schwingungen**" vorgenommen wird. Durch einfache Beschreibung könnten Sie dieselben jedoch nicht erlernen. Es handelt sich außerdem um eine nicht ungefährliche Methode! Für Sie würde sich in Notfällen folgende Methode empfehlen:

Sie legen das Kind lang ausgestreckt mit dem Rücken auf einen Tisch, die Füße sich zugekehrt. Dann umfassen Sie mit vollen Händen den Brustkorb, wobei ihre Handwurzeln unterhalb des Rippenbogens, also auf den seitlichen Partien des Bauches liegen, und pressen nun in regelmäßigem Rhythmus ihre Hände vorsichtig zusammen und lassen sogleich wieder los. Die Atmungsbewegungen sollen etwa doppelt so oft erfolgen wie Ihre eigenen, aber nicht häufiger. Es wird dabei nicht nur der kindliche Brustkorb, sondern auch die Bauchpresse die Luft aus den Lungen herauspressen, die beim Loslassen wieder nachgesogen wird.

Die Wiederbelebung dieser scheintoten Kinder dauert oft sehr lange, manchmal Stunden. Sie müssen mit Ihren Bemühungen unermüdlich fortfahren und dürfen, wenn keine Lebenszeichen auftreten, erst bei Ankunft eines Arztes aufhören.

Sonstiges über das Neugeborene.

Ein „**Neugeborenes**" ist das Kind, solange es noch einer vom übrigen Säuglingsalter gesonderten Pflege bedarf; das ist die Zeit, wo der Nabelschnurrest noch haftet, beziehungsweise die nach dem Abfall vorhandene Nabelwunde normalerweise noch nicht überhäutet ist, also während der ersten 14 Tage. (Von manchen wird das Kind nur die erste Woche als Neugeborenes bezeichnet.)

Wenn das Neugeborene täglich gebadet wird, was aber nur erlaubt ist, wenn für die peinlichste Asepsis (S. 5) Sorge getragen wird, muß der Verband des Nabelschnurrestes täglich erneuert werden. Bis zur Vernarbung des Nabels hat sich die Pflegerin **unmittelbar vor dem Wechseln des Verbandes vorschriftsmäßig zu desinfizieren.** (Vgl. die oft tödlichen Nabelerkrankungen, Seite 53).

Ein gefährlicher Feind des Neugeborenen ist die plötzliche Abkühlung. Bedenken Sie, 9 Monate die gleichmäßige, hohe Temperatur des Mutterleibes; die Gewöhnung an das Außenleben muß so schonend wie möglich sein. Der geringste Luftzug beim Baden, Trocknen, Wägen, jede unnötige Verzögerung hierbei sind sorgfältig zu vermeiden.

Das Baden des Säuglings.

Das vorzüglichste Mittel der so notwendigen Hautpflege ist das tägliche Bad. Baden Sie das Kind möglichst vor der zweiten Flasche. In der heißen Jahreszeit ist es oft zweckmäßig, das Kind in den kühlen Vormittagsstunden an die Luft zu bringen und mittags zu baden; im Herbst oder Winter baden Sie am besten am Abend vor der vorletzten Mahlzeit, damit Sie nicht morgens vielleicht im ungeheizten Raum das Bad vorzunehmen brauchen und auch das Kind in den sonnigen Vormittagsstunden an die Luft kommen kann. Freilich ist es erlaubt, auch im Laufe des Tages Waschungen zu geben, abends eine solche des ganzen Körpers und bei jeder Beschmutzung die der betreffenden Gegend. Doch nichts vermag so in alle Falten des Körpers einzudringen wie das Badewasser.

Wie überhaupt, so gilt ganz besonders beim Baden die Regel: **nur nicht erkälten.** Gerade in einem Krankenhaus, wo es große Zimmer mit vielen Fenstern und Türen gibt, wo oft unerwartet hier einer hereinkommt, dort einer hinausgeht, wo die Wanne oft recht weit vom Bettchen steht, ist doppelte Wachsamkeit nötig. Die Stationsschwester ist verantwortlich dafür, **daß während des Badens Türen und Fenster dauernd geschlossen bleiben.** Im Privathause wird man die Wanne nahe an den Ofen setzen und mit einem Wandschirm umgeben.

Das Wasser soll die Temperatur von 35° C haben (im zweiten Halbjahr 34°). Sie ist **unbedingt mit dem Bade-Thermometer im Wasser festzustellen,** da die an Arbeit gewöhnten Hände oder Ellbogen bei weitem nicht genügendes Wärmeschätzungsvermögen besitzen. Es ist eine bekannte Tatsache, daß sich das Wasser mit kalten Händen zu warm, mit warmen zu kalt anfühlt. Vor der Messung ist das Bad gut durcheinander zu rühren.

Wie lange soll das Kind im Wasser bleiben? Beobachten Sie einen Säugling, der zu lange Zeit im warmen Bade zugebracht hat, wie Haut und Muskeln erschlafft sind, wie er teilnahmslos in seinem Bettchen liegt und nicht mehr vergnügt mit Ärmchen und Beinchen zappelt, wie er noch lange nachher wegen der schlaffen und erweiterten Hautgefäße schwitzt. Merken Sie sich: Das Baden geschehe so schnell wie möglich, in 3—5 Minuten soll es beendet sein.

Soll das Kind nachher kalt übergossen werden? An dieser Stelle möchten wir Ihnen einen Rat mit auf den Weg geben, den Sie in allen Zweifelsfällen vor Augen haben sollten, sofern Sie nicht gedankenlos und mechanisch arbeiten, sondern Ihren gesunden Menschenverstand gebrauchen. Lassen Sie sich stets von der Natur, unserer besten Lehrmeisterin, leiten, schenken Sie Gehör Ihrem natürlichen Empfinden. Sehen Sie sich in der Natur um, ob irgendwo ein Tier oder Naturvolk seine Jungen einer so plötzlichen und energischen Kältewirkung aussetzt, wie sie der kalte Überguß darstellt. Fühlen Sie ferner nicht, wie unsympathisch diese Prozedur dem zarten Wesen ist? Wollen wir es doch nicht immer besser machen als die Natur. Grundsätzlich soll man im Säuglingsalter von dem Gebrauch kalten Wassers für Abhärtungszwecke absehen. Sowohl die Kinderärzte als auch diejenigen, die sich spezialistisch mit der Wasserheilkunde (Hydrotherapie) beschäftigen, sind sich darüber einig, daß für den Säugling das warme Bad das beste ist. 35° C ist die richtige Temperatur des Bades, das im Säuglingsalter täglich einmal gegeben werden soll. Die vielfach beliebten kalten Übergießungen nach dem Bad dürfen keinesfalls vorgenommen werden. In Krankheitsfällen allerdings können diese Güsse manchmal lebensrettend wirken. Doch das bestimmt jedesmal der Arzt.

Machen Sie die Mutter darauf aufmerksam, daß es streng verboten ist, die Wanne oder den Holzbottich noch zu anderen Zwecken zu benutzen, etwa zum Waschen der Windeln oder gar der Unterlagen für die Wöchnerin. Sie könnten dadurch, daß Sie schädliche Krankheitskeime übertragen, das Leben und das Augenlicht ihres Schützlings aufs Spiel setzen.

Von der Ausführung des Badens, das Sie am besten im praktischen Dienst erlernen, brauchen wir nicht viel zu sagen. Nachdem

Pflege des gesunden Säuglings.

das Wasser auf die richtige Temperatur gebracht, das Kind vom Stuhlgang gründlich gesäubert ist, wird das Badetuch an Ihrem Gürtel eingesteckt, und zwar so, daß der Name oder das am Tuche angebrachte Zeichen rechts unten von der Pflegerin und rechts oben vom Kopf des Kindes sich befindet. Sie werden durch dieses Merkmal immer dieselben Stellen des Tuches für Gesicht und Gesäß benutzen können. Sie fassen dann zweckmäßig mit Ihrer **linken** Hand unter dem Kopf des Kindes her um das linke Schultergelenk, so daß der Nacken auf Ihrem Handgelenk ruht. Sie haben so die rechte Hand zum Waschen frei. Die Hauptsache bleibt auf jeden Fall, daß Sie das Kind sanft und **unmerklich**, es mit Ihrer Rechten unter dem Gesäß fassend, **ins Wasser hineingleiten lassen** und weiterhin mit der Linken **gut festhalten**, so daß es sich sicher fühlt; dann wird dem Kind das Baden zum Hochgenuß. Im Bade wird das Kind mit einer milden Seife gereinigt.

Zu achten ist besonders auf die genaue Reinigung der Falten (Schenkelbeuge, Achselhöhle, Hals, Ohr) und auf die Entfernung der gelben Kopfschuppen (Grind genannt), die mit Öl abzuweichen sind (siehe Ekzemmaske Seite 84). Das Gesicht (speziell die Augen) ist **nicht** im Bade, sondern mit besonderen Läppchen oder Wattebausch in reinem Wasser zu waschen. Betrachten Sie beim Baden genau die gesamte Oberfläche des Körpers, um rechtzeitig Ausschläge, kleine Verletzungen, Lähmungen, Anschwellungen und Verkrümmungen der Glieder zu entdecken.

Das ins Badetuch geschlagene Kind wird schnell am Fußende des Bettes sanft getrocknet, mehr abgetupft[1]) als gerieben und sogleich mit vorgewärmter Wäsche versehen. **Ungenügende Trocknung der Haut kann zur Abkühlung führen und dadurch eine Erkrankung des Kindes zur Folge haben.** Wichtig ist das vollständige Trocknen des Gehörganges mit gedrehten Watteflöckchen (nicht mit Instrumenten). Auf die gleiche Art ist die Nase zu säubern; freie Nasenatmung ist die erste Vorbedingung für gutes Trinken.

Auch die Nägel sind öfter nachzusehen, zu schneiden und sauber zu halten.

Nach dem Baden soll das Kind ins Bett gebracht werden, trinken und mindestens eine halbe Stunde im Zimmer bleiben.

---

[1]) So, daß die Hand das Badetuch, nicht das Badetuch den Körper reibt.

Von der Mundreinigung.

Wie oft und womit soll der Mund des Säuglings gereinigt werden? Der Mund soll überhaupt nicht gereinigt werden.

Stellen Sie sich vor, Sie würden gefesselt und ein Riesenfinger, bewaffnet mit einem feuchten Lappen zweifelhafter Güte, führe Ihnen im Munde herum bis in den Rachen hinein, und das nicht einmal, nein, mehrmals täglich, nicht eine Woche, sondern viele Monate. Glauben Sie wirklich, daß dies der Mundschleimhaut förderlich ist?

Und nun bedenken Sie, wie unendlich viel zarter das Säuglingsmündchen ist. Manche Mundkrankheiten, besonders die Mundfäule, sind größtenteils Folge des Mundwischens. Durch gewaltsame Scheuerung des Mundes entstehen beim Säugling an den hinteren Ecken des Gaumens bis über linsengroße Geschwüre, so daß das Saugen des Kindes an der Brust ihm große Schmerzen bereitet und sehr oft unmöglich wird. Auch hat man festgestellt, daß die „Schwämmchen" (Soor) viel seltener sind bei Kindern, deren Mund nicht gewischt wurde. Nur in besonderen Fällen ist die vom Arzt bestimmte Flüssigkeit genau nach dessen Anweisung mittels weichen Pinsels aufzutragen.

Vom Trockenlegen und Pudern.

Man lege das Kind trocken, so oft es naß ist. Wer seinen Pflegling lieb hat und immer um ihn sein kann, merkt häufig schon in dessen Gesichtszügen, ob etwas passiert ist. Der Säugling läßt meist doppelt so oft Urin, als er Mahlzeiten bekommt, und durchschnittlich zweimal Stuhl in 24 Stunden (auch ein- oder dreimal braucht noch nicht krankhaft zu sein), und zwar erfolgt die Urinentleerung häufiger während des Wachens, oft kurz nach dem Trinken vor dem Einschlafen, seltener während der Nacht. Das Trockenlegen geschieht besser vor als nach dem Trinken; denn, da manche Kinder bei stärkerer Bewegung leicht erbrechen, ist es gut, sie nach der Mahlzeit in Ruhe zu lassen, obwohl sie sich gewöhnlich unmittelbar nach dem Trinken benässen. Sonst wird man im allgemeinen für das Trockenlegen keine festen Regeln geben können. Je weniger Säuglinge eine Pflegerin zu besorgen hat, um so eher wird sie ein Naßliegen des ihr anvertrauten Säuglings verhüten können. Aus dem Schlafe soll man ein Kind nur dann wecken, um es trocken zu legen, wenn es wund ist. Hier erfüllt das Trockenlegen auch den Zweck, das Wundsein möglichst schnell zur Heilung zu bringen; durch das Naßliegen würde diese verhindert.

Pflege des gesunden Säuglings.

Nach jedem Stuhlgang wird selbstverständlich abgewaschen, und zwar mit lauwarmem Wasser. Ob es sich auch empfiehlt, nach jedem Urinieren zu waschen, darüber sind die Ansichten noch geteilt. Hüten Sie sich jedoch vor jeder Mißhandlung der zarten Haut! Vermeiden Sie Lysol oder irgendeine andere desinfizierende Flüssigkeit, scheuern Sie nicht übermäßig; sonst bewirken Sie kleinste Verletzungen der Haut und berauben diese der natürlichen Lebenseigenschaften, die der beste Schutz gegen Infektionen sind. Das Reinigen geschieht am billigsten mit einem Jutebausch, am besten jedoch mit Watte; bei Neigung zu Wundsein muß unbedingt Watte zur Reinigung verwendet werden. Zu beachten ist, daß man Mädchen von vorn nach hinten wischt, damit keine Darmbakterien in die Nähe der Harnröhre gelangen und Blasenkatarrh erzeugen.

Was das Pudern betrifft, so können bei sorgsamer Pflege manche Säuglinge ohne dieses Mittel auskommen. Bei den meisten Kindern und besonders den Krankenhauskindern ist das jedoch nicht möglich. Man trage den Puder dünn auf und entferne das überflüssige wieder aus den Falten mit dem Windelzipfel. Wie jede Übertreibung, so kann auch hier ein Zuviel schädlich sein. Sie werden gewiß schon erlebt haben, daß bei dickem Aufstreuen in den Schenkelfalten sich der mit beißendem Urin getränkte Brei festgesetzt hat und dort, zumal wenn Sie nicht nach jedem Naßwerden alles ordentlich abgewischt haben, seine zerstörende Wirkung ausübt, wobei Sie dann verzweifelt klagen: „Und ich habe doch so dick gepudert."

Zum Pudern bediene man sich einer Dose mit durchlöchertem Deckel. Watte zu benutzen ist weniger zweckmäßig, weil erfahrungsgemäß oftmals derselbe Bausch, benutzt und beschmutzt, wieder zum frischen Puder gelegt wird.

Billige und gute Puder sind die mineralischen Pulver wie Talcum und Zinkpuder zu gleichen Teilen oder auch weißer Ton. Empfehlenswert sind auch manche der fabrikmäßig hergestellten Fettpuder, die trocken aufbewahrt werden müssen. Sie trocknen nicht nur, sondern halten auch etwas die Feuchtigkeit ab, was bei Neigung zu Wundwerden von großer Wichtigkeit ist. Einfache Mehle, wie Kartoffelmehl, Reismehl u. a., sind wegen ihrer Zersetzungsfähigkeit streng verboten.

Kleidung.

Die Kleidung hat den Zweck, den zarten Organismus vor unnötiger Wärmeabgabe zu schützen. Sie soll die empfindliche Haut nirgends durch neue oder rauhe Stoffe oder ungeeignete Befestigungsmittel reizen oder drücken. Sie soll so locker sitzen, daß weder Atmung noch Blutkreislauf noch Bewegungen gehindert sind. Sie richtet sich nach Alter und Jahreszeit. In bezug auf ihr Aussehen ist das Kleine sehr anspruchslos; eine warme Flanelldecke, in der es nach Belieben strampeln kann, ist ihm lieber als das schönste Spitzenkleidchen. Kurz gesagt: **Die Kleidung soll so warm und so locker wie nötig sein.** Fort mit allem Flitter! Am ehesten werden Sie richtig urteilen, wenn Sie sich bemühen, sich jeweils in des Kindes Haut hineinzuversetzen. Meist wird der Fehler gemacht, die Unglücklichen **viel zu warm** einzupacken. Die Folgen sind noch schlimmere, als wir sie Ihnen beim Hinweis auf die zu langen Bäder geschildert haben. Von Schweiß triefend liegen die hilflosen Wesen in einem dauernden Dampfbad. Sie sehen stets blaß aus, Haut und Muskulatur sind schlaff. Wegen der gesteigerten Wasserabgabe nehmen sie an Gewicht nicht zu sondern ab, und sie **erkälten sich äußerst leicht**, da die Hautgefäße wegen ihrer Erschlaffung gegen einen Kältereiz nicht gewappnet sind.

Andrerseits müssen Sie sich ebensosehr, besonders bei Spaziergängen, vor dem entgegengesetzten Fehler, vor zu dürftiger Bekleidung Ihres Pfleglings hüten. Oft hört man die besorgte Mutter fragen: „Mein Püppchen hat immer so kalte Ärmchen; woher kommt das denn eigentlich?" Warum wickeln Sie es denn nicht ein, Verehrteste? Ist das Kind zu schwach, um selbst genügend Wärme in seinem Innern zu produzieren, so muß eben von außen nachgeholfen und verhindert werden, daß das bißchen Wärme an die Außenluft abgegeben wird. Weiter: Sie alle wissen, wie Bewegung den Appetit anregt, die Verdauung befördert, die Körpersäfte zur Zirkulation anreizt und so auf Muskeln und alle Organe günstig einwirkt. Und nun betrachten Sie ein lang ausgestreckt zusammengeschnürtes armes Wesen, das wie in einen mittelalterlichen Folterblock geschraubt zu sein scheint. Wickeln Sie es los, so sehen Sie, wie es freudig mit Armen und Beinchen zappelt und Sie glückselig anlacht. Geben Sie ihm Strampelfreiheit! Mindestens einmal täglich soll sich das Kind im Gebrauche der von allen hinderlichen Kleidungsstücken entblößten Glieder üben!

Wie macht es die Natur? Im Mutterleib hat das Kind die Glieder angezogen, und diese Stellung nimmt es auch nachher mehr oder weniger ein, wenn man es sich selbst überläßt. Und das ist gut so; die zusammengekauerte Lage schützt vor unnötigem Wärmeverlust, und die angezogenen Oberschenkel werden bei Benässung nicht im

Schmutze liegen und entgehen so dem Wundwerden. **Also nicht gewaltsam die Beinchen gerade strecken wollen!**

Das Ankleiden lernen Sie am besten durch Übung, und wenn Sie das vorhin Gesagte beherzigen, so werden Sie die Technik bald beherrschen. Hier nur einige Bemerkungen über die gebräuchlichsten Bekleidungsstücke. Die der Haut anliegende Windel soll von zartem Gewebe sein und sich möglichst glatt anschmiegen, damit sie **nirgends reibt und drückt**; Flanell und wollene Windeln verhindern die Verdunstung und sind schlecht waschbar; leider trifft man sie bei ärmeren Leuten häufig. Der frischgekaufte steife Stoff muß erst gewaschen werden, damit er geschmeidig wird. Die Größe beträgt etwa 90 cm im Quadrat; die Windel wird zum Gebrauch dreieckig gefaltet. Die darüberliegende kleinere (etwa 50 cm im Quadrat) sei von gut wasseranziehendem Stoff. Über dieser liegt meist eine kleine wasserdichte Unterlage. Es ist sehr wichtig, daß die Unterlage nicht zu groß ist, sondern nur zur Hälfte das Kind umgibt, damit die Feuchtigkeit verdunsten kann, und nicht der warme Urin darin die Haut erweicht und das Wundwerden begünstigt. Sie sei deshalb nur 30—35 cm groß. Nach außen zu liegen kommt das etwa einen Quadratmeter große warme Wickeltuch. Sie können daran Ihre Kunst zeigen, es möglichst locker herumzulegen und doch so zu befestigen, daß es nicht losgestrampelt wird. Ein einfacheres gutes Verfahren, bei dem jedoch mehr Wickeltücher in die Wäsche wandern, ist, über die dreieckige Windel gleich das Wickeltuch zu legen und ein größeres Wachstuch über das Bettuch auszubreiten. Das Wickeltuch muß so beschaffen sein, daß es sich gut waschen läßt und nicht schlechte Gerüche festhält.

Das noch aus früheren Zeiten her bekannte Einschnüren in Binden, das „Wickeln", ist längst als mittelalterliche Marter abgeschafft. Glauben Sie nicht, daß durch festeres Schnüren der Rücken des Kindes stärker würde; das Gegenteil ist der Fall. Alle Muskeln, auch die Rückenmuskeln, werden nur durch **Tätigkeit** kräftiger, durch Behinderung und Einengung aber schwächer.

Die übrigen Stücke der Erstlingskleidung sind **Hemdchen und Jäckchen**, von denen das eine vorn, das andere hinten geschlossen ist. Weshalb aber das Hemdchen stets aus Leinen oder ähnlichem dünnen Stoff bestehen muß, der den Schweiß zwar schnell aufsaugt, aber ebenso schnell die unangenehme Verdunstungskälte erzeugt, wo es vom hygienischen Standpunkt aus viel geeignetere Unterkleiderstoffe gibt, ist nicht recht einzusehen. Es gibt jetzt poröse baumwollene Stoffe, die sich gut für Säuglingshemdchen eignen. Anstatt Jäckchen aus Stoff sind gestrickte sehr zu empfehlen; sie sind gut waschbar, dauerhaft und luftdurchlässig.

Sehr zarte junge Säuglinge werden gelegentlich auch in ein Steckbett bzw. Steckkissen gelegt, doch warnen wir vor übermäßigem Gebrauche; denn die Gefahr der Überhitzung und Schwächung ist sehr groß. Die Polsterung des Steckbettes kann nur durch einen wasserdichten Überzug vor Durchnässung geschützt werden, und das gelegentlich durchnäßte, ungewaschene und nicht desinfizierte Steckbett bildet leicht einen Brutplatz von Keimen. Es ist daher auch für das Krankenhaus unbrauchbar; man kann den Säugling durch eine geschickt umgeschlagene wollene Decke so einhüllen, daß nur das Gesicht heraussieht, und ihn so selbst im Freien umhertragen. Er hat dann unter der Decke genügend Freiheit, sich durch Bewegung warm zu halten. Jedenfalls soll man sich von Zeit zu Zeit überzeugen, ob das Kind in seinen Umhüllungen warm ist; das geschieht am besten durch Betasten der Beinchen und Füße.

Ist der Rücken kräftig genug, so kann man ein sog. $3/4$ langes, bis an die Füße reichendes **Tragkleidchen** anlegen (etwa vom 5. Monat an). Dazu gehören Strümpfe und weiche Schuhe, sonst werden sich die Füßchen meist unangenehm kalt anfühlen. Mit dem Tragen von Lederschuhen beginne man erst dann, wenn das Kind im Freien laufen kann. Zu Hause sind gehäkelte Schuhe stets vorzuziehen, weil sich die Muskeln und Gelenke der Füßchen so besser und normaler entwickeln.

Im Freien bedecke man den Kopf mit einem Häubchen; im Hause bleibt dies weg, damit der Kopf nicht verweichlicht und die Ventilation der Ohren nicht verhindert wird.

Fängt das Kindchen zu krabbeln an (7. Monat), so verkürzt man das Kleidchen und legt ein **Windelhöschen** an (wenn es nicht schon vorher geschehen), das an ein Leibchen zu knöpfen ist. Die im Krankenhaus vielfach beliebte Methode, als Ersatz des Höschens eine Windel so zu binden, daß sie nicht abgleitet, ist **nicht** zu empfehlen, da die Kinder dann meist mit entblößtem Leib anzutreffen sind.

Das Bett.

Als einfachstes Bett kann ein ganz einfacher, am besten eckiger Wäschekorb dienen, den man mit hellem Stoff ausschlägt. An Stelle der Matratze nehme man dann eine dicke, mehrfach zusammengelegte Decke; diese hat noch den Vorteil, daß man sie morgens ordentlich auslüften und nach Bedarf reinigen kann. Eine einfache und praktische

Bettunterlage ist auch ein Überzug mit Holzwollfüllung. Holzwolle ist billig und leicht zu reinigen. Durch Waschen in Sodawasser und Trocknen in der Luft wird sie immer noch lockerer und besser. Vor Durchnässung sind die Bettunterlagen durch Überziehen mit wasserdichtem Stoff zu schützen. Am besten sind natürlich die in modernen Säuglings= abteilungen üblichen gut zu reinigenden und allen hygienischen Anforde= rungen entsprechenden eisernen Bettstellen. Zu bedenken wäre nur, daß vielfach das Kind zu frei liegt und oft nicht genügend gegen Zugluft geschützt ist. Praktisch sind abknöpfbare, aus waschbarem weißem Stoff bestehende, ringsherum laufende Wände. Sonst hängen Sie auf den Bettrand, besonders am Kopfende, Tücher, und überspannen Sie beim Lüften des Zimmers den Kopf lose mit einer Windel. Zum Zudecken sind Federbetten ungeeignet, da das Kind darunter zu leicht schwitzt und dadurch für Erkältung empfänglich wird. Ebensowenig sind sie als Unterlage geeignet, auch gilt von ihnen das bei der Be= sprechung der Reinigung und Desinfektion des Steckbettes Gesagte. Der sogenannte „Armeleutegeruch" entsteht nicht zum mindesten durch Schimmelpilze, die sich in den feuchten Bettfedern ansiedeln. Neuer= dings ist zum Ersatz der Federn eine sehr weiche und billige Holzwolle empfohlen worden, die man beliebig oft wechseln kann. Kopfkissen sind für junge Kinder nicht nötig. Da manche Säuglinge einen sehr weichen Hinterkopf haben, und infolgedessen durch stetes Liegen in einer Lage eine Gestaltveränderung des weichen kindlichen Schädels zustande kommen kann, empfiehlt sich eine oftmalige Änderung der Lage des Kindes.

Um das Verrutschen der Bettdecke zu verhindern, gibt es folgendes praktische Mittel: Man nähe an die oberen Ecken der Bettdecke Bänder, am besten mit einem Gummizwischenstück, und befestige diese an ent= sprechenden Stellen der Seitenwände.

Durch ein über das Bett gespanntes Netz aus Gaze kann der Säugling vor der Belästigung durch Fliegen geschützt werden. Doch soll das Netz ziemlich weit weg vom Kinde liegen, um den Luftaus= tausch nicht zu hindern.

Da erfahrungsgemäß eine schaukelnde Bewegung unruhige Säug= linge manchmal zur Ruhe bringt, so haben manche Bettvorrichtungen eine Form angenommen, die das Wiegen und Schaukeln des Kindes gestattet. Die Wiege ist über die ganze Erde verbreitet, und nur bei wenigen Völkerschaften ist sie unbekannt. Welche Bedeutung das Wiegen oder Schaukeln für das Kind hat, läßt sich nicht klar ausdrücken. Ob=

wohl nicht bewiesen ist, daß diese Maßregel den Kindern schadet, ist sie doch im allgemeinen nicht nötig, und das Bett soll deshalb feststehen.

Der Kinderwagen soll nicht mit Gummistoff ausgeschlagen sein, weil dadurch die Luftzirkulation verhindert würde. Nur wenn er genügend ausgelüftet wird, kann er auch als Bett benützt werden.

Das Kind soll nie ins grelle Licht sehen, nicht im Zimmer und erst recht nicht im Freien; doch soll das Zimmer stets reichlich Licht haben und nicht verdunkelt werden.

Das Zimmer.

Schlechte Wohnungsverhältnisse beeinflussen die Säuglingssterblichkeit in unheilvollster Weise — besonders im heißen Sommer.

Ungeeignet für den Säugling sind Wohnungen, welche feucht, schlecht belichtet, ungenügend lüftbar und mangelhaft eingerichtet sind (Fehlen von Jalousien, keine Vorrichtungen zum Kühlhalten der Milch, Mangel an Nebenräumen zum Waschen und Spülen).

Das Zimmer sei so groß und hell wie möglich und möglichst nach der Sonnenseite gelegen (Südost, Süd, Südwest). (Bakterien sind ein lichtscheues Gesindel; sie werden vom Licht in der Entwicklung gestört.) Man kann vor das Bettchen des lichtempfindlichen Neugeborenen eine Schutzwand stellen, die auch beim Baden zur Verhinderung von Zugluft gute Dienste leistet. Auch auf ruhige Lage ist zu achten, damit der erquickende Schlaf nicht gestört und nicht schon im zartesten Alter der Grund für spätere Nervosität gelegt werde. In dem Zimmer, in dem der Säugling liegt, darf nicht gekocht, nicht gewaschen, getrocknet und gebügelt werden. Denn durch Kochen und Waschen wird die Luft feucht (schwül), was für den Säugling gefährlich ist. Deshalb dürfen sich auch in dem Zimmer des Säuglings nicht viele Menschen aufhalten, besonders aber nicht schlafen.

Alle Stoffe, die mit der Säuglingspflege in Beziehung stehen (Wandschirmbezüge usw.), seien aus waschbarem Material. Staubfänger, wie dicke Vorhänge oder Teppiche, seien verpönt. Der Boden sei womöglich mit Linoleum belegt; es hat keine Spalten, ist gut zu reinigen und hält die Wärme zurück. Auch eine Matte kann diesem Zweck genügen. Die mittlere Temperatur des Wohnzimmers für den Säugling beträgt 19^0 C, für Neugeborene 20^0 C bis 22^0 C, die des Schlafzimmers 15^0 C. Für Neugeborene und junge Säuglinge soll das Schlafzimmer ebenso warm wie tags sein.

Ein Wickeltisch ist ein für das Privathaus sehr wichtiges Möbelstück; im Krankensaal soll nur im Bett gewickelt werden. Doch wird auch hier ein Wickeltisch dem Arzte für die genaue Besichtigung des Kindes zum Zwecke der ärztlichen Untersuchung gute Dienste leisten.

Ein **Spielstühlchen** wird erst beschafft, wenn das Kind längere Zeit allein sitzen kann; denn in ihm soll das Sitzen **nicht erst gelernt werden**, sonst kann eine Verbiegung der Wirbelsäule die Folge sein. Auch dehne man die „Sitzung" nicht zu lange aus. Ferner soll das Sitzbrett kein Loch haben zur Erledigung der kindlichen Bedürfnisse, weil dadurch die Erziehung zur Sauberkeit erschwert wird.

Beginnt die Zeit des Umherkriechens, so ist ein „**Ställchen**" (Gehbarriere) empfehlenswert. Darin lernt das Kleine allmählich sich aufzurichten und ist auch vor unberufener Bekanntschaft mit dem Ofen und sonstigen gefährlichen Gegenständen geschützt. Der Boden des Ställchens wird mit weichem, durchaus sauberem (waschbarem) Stoff zur Verhütung der sogenannten „Schmierinfektion", der Ansteckung mit bazillenhaltigem Bodenstaub, bedeckt. (Siehe Tuberkulose S. 65.) Dadurch, daß Sie das Kind im Ställchen halten, benehmen Sie ihm die Möglichkeit, sich überall hinzubewegen, wohin es will, und erziehen es so auch zur Selbstbeherrschung.

Die täglich mehrmals vorzunehmende **langdauernde Lüftung** des Zimmers kann nicht dringend genug empfohlen werden und wird mittels der sogenannten Kippfenster oder durch die natürliche Fensterlüftung erfolgen; die letztere kann auf dreierlei Weise vorgenommen werden: durch Öffnen der Fenster im Zimmer, durch Öffnen der Fenster in einem Nebenzimmer bei geöffneter Durchgangstür und starke Auslüftung eines Nebenzimmers vor Öffnen der Durchgangstür. Diese wird erst nach Schließen der Fenster im Nebenzimmer geöffnet. Bei der Lüftung darf das Kind nicht direkt dem Zug ausgesetzt werden. Schlechte Luft läßt sich nicht durch künstliche Wohlgerüche, sondern nur durch reichliche Zufuhr frischer Luft verbessern. Stark duftende Blumen sind dem Kinderzimmer fernzuhalten. Das Zimmer ist stets feucht aufzuwischen, niemals trocken zu kehren.

Bei der Auswahl von **Spielsachen** bedenke man, daß die Kinder alles, was man ihnen in die Hände gibt, in den Mund stecken. Es seien also färbende, sowie spitze, eckige und wollige Spielsachen verboten. Am meisten zu empfehlen sind abwaschbare Spielsachen, wie solche aus Zelluloid und Gummipuppen; da das an den Gummipuppen befindliche Pfeifchen leicht verschluckt werden kann, sollte es von vornherein entfernt werden.

Sonstige Pflegeregeln.

Die Säuglingspflegerin muß ihrer eigenen Gesundheit die größte Aufmerksamkeit schenken. Wer mit Schnupfen, Husten oder sonstigen ansteckenden Krankheiten behaftet ist, bleibe dem Kinde womöglich fern.

Die Hände der Pflegerin bedürfen sorgfältigster Pflege. Für die Bekleidung der Pflegerin kommen nur Waschkleider in Frage.

Was ist beim Tragen des Kindes zu beobachten? Das Tragen soll nie lange ausgedehnt werden. Der Rücken muß stets gut mit der Hand unterstützt sein. Man soll abwechselnd auf beiden Armen tragen, damit das Kind beide Hände gleichmäßig gebrauchen lernt.

Wann soll man mit dem Kinde die ersten Gehversuche vornehmen? Überhaupt nicht! Die soll es allein machen, indem es sich am Kleide der Mutter oder im Ställchen von selbst aufrichtet. Würde man es zu zeitig zum Gehen zwingen, so könnten krumme Beine die Folge sein. Gängelband und Laufstuhl sind verboten. Macht das Kleine anfangs des zweiten Jahres noch keine Gehversuche, so ist wegen Verdachts auf englische Krankheit der Arzt zu befragen.

Man lasse das Kind nicht immer auf dem Rücken liegen, sondern nehme häufig einen **Lagewechsel** vor, da wegen der Verschiebbarkeit der Schädelknochen der Kopf eine einseitige Abplattung erfahren könnte.

Beim Aufrichten zerre man das Kind nicht an den Ärmchen hoch, sondern unterstütze mit der ganzen Hand Nacken und Hinterkopf.

Ernährung des gesunden Säuglings.
Die natürliche Ernährung (Mutter, Amme).

Eine Mutter, die ihr Kind stillen kann und es nicht tut, verdient nicht den Namen einer Mutter. Das Stillen, durch die Natur geadelt und geheiligt, bei dem die Mutter von ihrem eigenen Saft in innigster Berührung von Körper zu Körper ihrem Kinde zu trinken gibt, weckt erst recht eigentlich das Gefühl der tiefen Mutterliebe, die der Mutter die Kraft verleiht, sich für ihr eigen Fleisch und Blut aufzuopfern, jetzt und ihr ganzes Leben, was auch kommen mag. Käme denn etwas der Mutterbrust gleich? Die Milch und das Herz einer Mutter lassen sich niemals ersetzen!

In früheren Zeiten dachte kein Mensch daran, dem Kinde etwas anderes vorzusetzen, als was einzig für dieses geschaffen war. Je weiter man in der Kultur fortschritt, je mehr sich die chemische Industrie entwickelte, desto mehr glaubte man sich über die Natur erhaben, desto mehr suchte man das einfachste und billigste Mittel zu vertauschen mit viel andern, die viel kosten und viel — einbringen.

Den Laien ist es nicht ohne weiteres verständlich, warum Frauen- und Tiermilch so verschieden voneinander sind, und wenn sie darüber lesen, daß der Nährwert ungefähr derselbe ist, daß die Bestandteile zwar nicht gleich sind, daß sich aber durch die Errungenschaften der modernen Wissenschaft zum Teil die Unterschiede ausgleichen lassen, so können sie leicht zu der Ansicht kommen, daß es nur noch weiterer Forschungen bedürfe, um eine vollkommene Gleichheit herzustellen. Nichts ist irriger als diese Meinung; gerade der **Fortschritt der wissenschaftlichen Untersuchungsmethoden** hat uns in letzter Zeit immer wieder neue Verschiedenheiten auffinden lassen und uns gezeigt, daß die Milch jeder Tierart ihre ganz besondere „Eigenheit" hat, die nur ihr allein zukommt, und die nie von Menschenkunst wird hergestellt werden können.

Und dann betrachten Sie die Gewinnung: Die **Muttermilch** ist stets **lebensfrisch** und **lebenswarm**, nie **verunreinigt**, **nie zersetzt**. Wie wird dagegen die Kuhmilch oft mißhandelt! Sehen Sie sich so einen dumpfigen Bauernstall einmal an, die Kuheuter, die Hände des Melkers, die Milchgefäße. Dazu kommt dann noch der Transport während der Sommerhitze zum Kleinhändler und von da zum Käufer und die oft unsaubere und verkehrte häusliche Behandlung. Man braucht nichts von bakterieller Zersetzung und Vergiftung zu verstehen; der gewaltige Unterschied leuchtet ohnedies ein.

Wie mag es nur kommen, daß heutzutage so wenig Mütter stillen? Die Ursachen sind in den allermeisten Fällen **Unwissenheit und schlechte Ratgeber**.

Als Entschuldigung für die Unterlassung des Stillens wird Milchmangel, wird die fortschreitende körperliche Entartung der menschlichen Rasse auf Kosten der zunehmenden geistigen Entwicklung angeführt. Wir wollen sehen, wie es sich in Wirklichkeit verhält. In allen Anstalten (Säuglingsheimen, Mütterheimen, Krankenabteilungen usw.), wo alle von Geburtskliniken usw. entlassenen gesunden Mütter ohne Unterschied aufgenommen und unter sachverständiger ärztlicher Leitung zum Stillen herangebildet werden, hat sich die überraschende Tatsache ergeben, **daß fast alle Mütter ohne Ausnahme (80—90%) mindestens teilweise stillen können, der größte Teil** sogar dauernd und reichlich beim Anlegen mehrerer Kinder. Ja noch mehr: Die Frauen können oft jahrelang Milch produzieren, wenn sie nicht absichtlich aufhören. Einige von ihnen gaben monatelang 2 Liter Milch täglich und noch mehr, stillten 2 bis 4 Kinder gleichzeitig und haben Dutzenden das Leben gerettet.

Allerdings gibt es Frauen, die zu dem Zeitpunkt, da sie zum Arzt kommen, wirklich nicht mehr stillen können; doch das ist fast stets selbstverschuldet. Wenn Sie den natürlichen Vorgang und die innere Ursache der Milchabsonderung verstehen, werden Sie durch Beratung unerfahrener Mütter unendlich viel Segen stiften können. Es sterben 7 mal weniger Brustkinder als künstlich genährte. 75% aller Todesfälle im Säuglingsalter lassen sich auf den Verzicht der Mutterbrust zurückführen.

Nach welchen Gesetzen arbeitet die Brustdrüse? Sie wissen alle, daß jedes Körperorgan durch Übung zu erhöhter Leistungsfähigkeit gebracht wird. Der Schmiedegeselle, der den ganzen Tag seine Armmuskeln anstrengt, kann ganz andere Lasten heben als der Bureaumensch. Auch für die Milchdrüse gibt es eine Übung, die sie zu erstaunlicher Leistungsfähigkeit anregen kann, und das ist das Saugen. Die Milchabsonderung steht im direkten Verhältnis zum Saugreiz. Je kräftiger dieser ist, und je gründlicher die Brust entleert wird, desto größer wird die Ergiebigkeit. Im allgemeinen kann man sagen, die Brust gibt so viel Milch, wie vom Kinde getrunken wird; sie stellt sich auf das Bedürfnis des Säuglings ein. Will also eine Mutter, die ein elendes, wenig saugkräftiges Kind zu stillen hat, durch den geringen Saugreiz ihre Milchmenge nicht vermindern, so braucht sie nur ein vom Arzt als gesund befundenes kräftiges anderes Kind mit anzulegen, oder wenn dies nicht angängig, so soll sie ihre Brust nach dem Trinken stets mit ihrer Hand ausdrücken oder mit einer Milchpumpe entleeren. Die Wirkung des Saugreizes geht so weit, daß man vielfach bei Frauen, die aus vermeintlicher Unfähigkeit zu stillen aufgehört hatten, noch nach Wochen die Freude erlebt, daß die Milch wieder in Fluß kommt und das Kind tadellos gedeiht. Freilich setzt dies eine unermüdliche Hingabe der Mutter und des überwachenden Arztes oder der Pflegerin voraus. Deshalb sind die Bemühungen nicht immer von Erfolg gekrönt; oft schon hat ein unbegründetes und leichtfertiges Aussetzen bei Unwohlsein der Mutter (Wiedereintritt der Regel) oder bei leichten Darmstörungen des Kindes unersetzlichen Schaden angerichtet; die Milch war nicht wieder hervorzulocken. Eine schlechte

Ernährung des gesunden Säuglings.

Brustmilch bei gesunder Drüse gibt es nicht. Ein manchmal vorkommendes Unbehagen des Kindes hat fast stets andere Ursachen, als da sind: Schwäche oder Krankheit des Kindes, häufig auch zu reichliche Ernährung oder zu häufiges Anlegen und nachfolgende Darmstörung. Ist ein Aussetzen ausnahmsweise einmal ärztlicherseits geboten, so müssen währenddessen womöglich beide Brüste mindestens 4—5mal täglich, wie oben erwähnt, mit der Hand oder Milchpumpe vollständig entleert werden. Sie müssen die Vornahme dieser Entleerung praktisch lernen.

Was entbindet eine Mutter vom Stillen? Das geht nur den Arzt an. Eine Diagnose können und sollen Sie ja doch nicht stellen. Unserer Ansicht nach wird ein Gesetz nicht mehr lange auf sich warten lassen, das besagt: „Wer ohne Wissen des Arztes einer Mutter vom Stillen abrät, wird bestraft." Sehr oft erreicht die Milch erst nach mehreren Wochen, manchmal noch später, die genügende Menge. Die vielen gepriesenen milchtreibenden Mittel, die meist ziemlich kostspielig sind, leisten kaum das Versprochene; Sie werden sehen, daß in den meisten Fällen sichere Ruhe und Ausdauer gemeinsam mit ärztlichen Vorschriften zum Ziele führen werden.

Wir wollen Sie nun darüber belehren, was **kein** Grund zum Absetzen ist: Fieber, Periode, Nervosität, Bleichsucht, Schwäche. **Ist eine Frau kräftig genug, neun Monate lang ihr Kind zu tragen und mit ihrem Blute zu ernähren, so ist sie sicher auch imstande, es während einiger Zeit zu stillen.** Da durch den Saugreiz eine Zusammenziehung der Gebärmutter erfolgt, bilden sich die Unterleibsorgane dabei besser zurück, und auch vielerlei Schwächezustände hat man durch das Stillgeschäft heilen gesehen. In den Fürsorgestellen kann man während der Stillzeit meist eine erfreuliche Gewichtszunahme anfangs schwächlicher Mütter beobachten. Nur in besonderen schweren Fällen kann ein Arzt Dispens erteilen.

Als ein Ammenmärchen ist es ferner zu bezeichnen, daß Charaktereigenschaften oder Geisteskrankheiten durch die Milch übertragen würden.

Erklärt der Arzt das Selbststillen für unmöglich, so ist es für das Kind das beste, ihm eine Amme zu nehmen, die auf Grund ärztlicher Untersuchung für tauglich befunden wird. Wer sich eine Amme ohne eigne vollständige Stillunfähigkeit hält, belastet sein Gewissen. Durch schnöden Mammon verleitet man ein armes Weib dazu, seinem eignen Kinde die Mutterbrust zu rauben, auf die es doch ein heiliges Recht hat. Bedenken Sie: das gute Gedeihen des reichen Schmarotzers wird oft mit dem Tode des Ammenkindes bezahlt. Aus sittlichen Gründen soll man darauf halten, daß letzteres weiter an der Brust genährt wird. Jedenfalls soll man ihm, wenn eben angängig, neben dem Herrschaftskind ein mehrmaliges Trinken an der Mutterbrust ermöglichen.

Die erste Bedingung für die Amme ist Reinlichkeit. Bei der Ankunft erhält sie ein Bad, das auch in der Folgezeit möglichst oft wiederholt wird. Man achte auf Ungeziefer; ebenso sind etwa auftretende Hautausschläge oder sonstige Krankheitserscheinungen sofort dem Arzte mitzuteilen, da eine böse Krankheit vorliegen kann.

Mutter- und Ammenmilch sind zwar nicht gleichwertig, doch ist der Unterschied praktisch nicht sehr wesentlich. Daß man lieber eine Amme nimmt, die schon vor mehreren Monaten entbunden hat, geschieht nicht deshalb, weil die Milch in der Beschaffenheit besser wäre, sondern weil sich dann die Stillfähigkeit leichter übersehen läßt, die Amme die Technik des Stillens besser beherrscht, das Ammenkind die ersten Monate die ihm zukommende Nahrung für sich allein hat und endlich, weil eine möglicherweise vorhandene erbliche Syphilis vielfach erst nach Wochen und Monaten beim Ammenkinde zutage tritt.

Wie mag es kommen, daß eine Amme, die bisher ihr eigens Kind vorzüglich genährt hat, bei einem fremden Säugling keinen Erfolg hat, daß hier die Milch bald erheblich zurückgeht, wenn nicht ganz versiegt? Das neue Kind ist meist viel schwächer als das kräftige Ammenkind; es zieht zunächst oft nur sehr schwach, die Brüste werden nicht ordentlich geleert; die Milchabsonderung geht infolge des ungenügenden Saugreizes zurück. Wie kann man dem am leichtesten vorbeugen? Man läßt einfach ein zweites Kind, und zwar das der Amme, die in der Brust zurückbleibende Milch austrinken. Auch aus einem zweiten Grunde ist das Mitanlegen nützlich: Bei reichlich fließender Milch würde ein junger, zarter Säugling, der trotzdem leidlich zieht, durch Überfütterung gefährdet sein.

Jede Mutter bedenke, daß eine Amme mindestens ebensoviel, meist aber viel mehr Last macht wie das Selbststillen. Sie muß ständig in sittlicher Beziehung überwacht werden (Liebschaft, Schwangerschaft, Ansteckung). Man muß achtgeben, daß sie das Kind nicht mit ins Bett nimmt, was für dieses ungesund ist und außerdem Erdrückung im Schlaf befürchten läßt, daß sie ihm keine andere Nahrung zusteckt aus Unverstand oder, um den eigenen Milchmangel zu verbecken.

Die Amme soll nicht faulenzen, sie kann ruhig alle mit der Pflege zusammenhängenden Hausarbeiten verrichten. Ihre Kleidung sei überall locker (Reformkleid). Täglich mache sie sich Bewegung in frischer Luft. Von besonderer Wichtigkeit für die Pflegerin ist es, daß sie mit Ammen richtig umzugehen weiß, damit Streitigkeiten im Hause und plötzliche Entlassung der Amme vermieden werden. Die Amme ist häufig in erregtem Zustand (durch ihre traurige soziale Lage, Trennung vom eigenen Kind) und merkt bald, daß von ihrem guten Willen viel abhängt. Wohlwollen, gepaart mit Energie, wird gewöhnlich imstande sein, das Verhalten der Amme im Hause zu einem erträglichen zu gestalten. Als Ersatz für Ammen dienen die sogenannten Stillfrauen, das heißt Frauen, die ihr eigenes Kind stillen und nebenbei noch um Geld ein fremdes Kind anlegen. Diese Stillfrauen kommen möglichst in allen Fällen in Betracht, in denen aus irgendwelchen Gründen die Haltung einer Amme unmöglich ist. Für ihren Gesundheitszustand gilt das bei der Besprechung des Ammenwesens Gesagte.

Wie soll die Stillende (Mutter oder Amme) sich nähren? Die Zeiten sind glücklicherweise vorüber, wo man der Ärmsten ellenlange Speisezettel mit dem Verbot der leckersten Gerichte vorschrieb. Vor uns liegt ein Büchlein über „Pflege von Mutter und Kind", gedruckt vor noch nicht vielen Jahren, in dem 59 verschiedene Eßwaren mit Namen aufgezählt sind, die verboten sein sollen. Ist es nicht höchst sonderbar, daß man der Stillenden eine so peinliche Diät vorschreibt, während die Schwangere alles essen darf, ohne dem Kind zu schaden?

Die Stillende soll sich nähren wie sonst, wie sie es gewöhnt ist, vielleicht etwas kräftiger, wenn sie den ärmeren Ständen angehört; besonders soll sie mehr Flüssigkeit zu sich nehmen, täglich 1—2 Liter (Milch und Suppe). **Die Hauptsache ist die gute Verdauung.** Was gern genossen wird und gut bekommt, kann gegessen werden, Sauerkraut und Schweinefleisch nicht ausgenommen, wenn sie vertragen werden. Vor Übertreibung ist natürlich zu warnen; daß es beispielsweise einer gesunden Lebensweise widerspricht, viel aufregende oder alkoholische Getränke zu sich zu nehmen, ist selbstverständlich. Das gewohnte Glas Bier oder Täßchen Tee oder Kaffee braucht man sich deshalb nicht entgehen zu lassen. Das Wohlbefinden des mütterlichen Organismus ist die beste Gewähr für die Güte der von ihm produzierten Säfte, also auch die der Milch. Wie viele Mütter sind nicht durch einen strengen Speisezettel mißmutig geworden und haben die ganze Lust am Stillen verloren!

Das Stillen des Kindes. Das Neugeborene kommt gesättigt zur Welt und schläft den ersten Tag fast ununterbrochen. Es wird zum ersten Male angelegt, wenn es durch Unruhe und Schreien zu erkennen gibt, daß es hungrig ist. Das ist meist der Fall nach 12—20 Stunden. So lange lasse man es also ungestört; es wäre unnatürlich, wollte man es schon vorher zur Nahrungsaufnahme zwingen. Auch die Wöchnerin bedarf der Ruhe. Zeigt das Kind schon früher Trinkbedürfnis, so kann es, nachdem die Mutter sich durch den Schlaf nach der Geburt gestärkt hat, auch vorher angelegt werden. Sollte am zweiten Tage die Brust noch gar zu wenig absondern, so kann man einige Teelöffel gesüßten Tees geben. Auch am 2. und 3. Tage hat das Neugeborene noch wenig Lust zum Trinken; mehr als 3—4 mal meldet es sich nicht und braucht auch nicht öfter Nahrung zu bekommen. Es **soll** hungrig werden, damit es besser zieht. Erst nach dieser Zeit kann man es an regelmäßige Nahrungsaufnahme gewöhnen, und zwar an 5—6 **Mahlzeiten täglich, alle 3—4 Stunden** (je nach Vorschrift des Arztes). Häufigeres Anlegen, wie solches früher üblich war, ist jetzt als unnatürlich erkannt worden und wird mit Recht verworfen. **Nachts wird stets und zwar von Anfang an, eine längere Pause von mindestens 6—7 Stunden gemacht. Vom zweiten Halbjahr ab sollen fünf Mahlzeiten in 24 Stunden genügen.** In den ersten Monaten wird man wohl 6 Mahlzeiten in dreistündigen Pausen geben können.

Warum geben wir jetzt weniger oft Nahrung und machen größere Pausen als früher? Folgendes ist uns klar geworden: Der kindliche Magen braucht eine gewisse Zeit, um die zugeführte Nahrung zu verarbeiten (mehrere Stunden), und er hat dann, wie jeder Organismus, der Arbeit geleistet hat, eine **Ruhepause** nötig, um wieder frische Kraft zu sammeln. Ferner soll das Kind wirklichen Hunger bekommen, damit es die Brust vollständig entleert, was von allergrößter Wichtigkeit ist; denn dadurch wird die Drüse zu erhöhter Tätigkeit angeregt, und außerdem ist gerade die letzte Milchportion die nahrhafteste (fettreichste). Der Hauptgrund aber ist der Umstand, daß **das Kind überhaupt nicht öfter Nahrung verlangt,** wenn man es von vornherein sich selbst überläßt. Wenn die Mutter noch dabei bedenkt, wieviel Arbeit sie sich erspart und dadurch gleichzeitig ihrem Kinde nützt, so wäre sie eine Törin, wenn sie anders handelte.

Bei manchen Frauen, besonders bei Erstgebärenden, schießt die Milch erst später, am 4.—5. Tage, bisweilen sogar in der 2. Woche ein, oder sie fließt bis dahin ganz spärlich, um sich nach kurzer Zeit in durchaus normaler Menge einzustellen. In solchen Fällen wäre es ein großer Fehler, wollte man hier gleich mit der künstlichen Ernährung beginnen.

Ernährung des gesunden Säuglings.

In den ersten 3—4 Tagen ist nur schwacher gesüßter dünner Tee (russischer oder Fencheltee, eine Tablette Sacharin auf 200 g Tee) — 4—5 mal täglich einige Löffel voll — zu reichen, nachdem aber vorher das Kind jedesmal ordentlich an der Brust gezogen hat. **Die Stillversuche muß man wochenlang gewissenhaft fortsetzen**, man soll fleißig immer wieder anlegen, womöglich einen anderen saugkräftigen Säugling zu Hilfe nehmen oder mit Massage der Brust, Entleerung mit Hand oder Pumpe nachhelfen. Die Flasche darf jedenfalls nur auf Anraten des Arztes zugegeben werden. Fälle, in denen Frauen trotz aller Bemühungen vollständig stillunfähig sind, kommen zwar vor, aber **äußerst selten**.

Vor jedem Anlegen wird die Brust mit reinem Wasser abgewaschen; vorher sind die Hände gründlich zu reinigen, weil sonst leicht durch Infektion Kind und Brust erkranken können. Ganz besonders gilt dies für Wöchnerinnen, deren Wochenfluß sehr zu fürchten ist. Nachher säubert man die Brust in der gleichen Weise und bedeckt sie mit einem reinen Leinwandläppchen, das täglich zu erneuern bzw. zu waschen (auszukochen) ist.

Die Stillende setzt sich am besten auf einen niedrigen Schemel, unterstützt mit der einen Hand Kopf und Rücken des auf ihrem Schoße liegenden Kindes, mit der andern leitet sie ihre Brust, indem sie sie mit gespreiztem Zeige- und Mittelfinger von dem kleinen Näschen abhält. Ist dieses durch Borken verstopft, so muß es vorher gereinigt werden, damit während des Trinkens die Nasenatmung nicht gehindert ist.

Sollen zu jeder Mahlzeit beide Brüste gereicht werden? Der Kernpunkt der Sache ist der, daß **jedesmal eine Seite so vollkommen wie möglich entleert wird**. Das Kind soll sich hierbei anstrengen; das befördert den Schlaf. Nur wenn man **ganz sicher** ist, daß zu wenig Milch vorhanden, kann auch die andere Brust, die dann das nächste Mal zuerst an die Reihe kommt, gereicht werden, **sonst nicht. Sicheren Aufschluß über die Menge des Getrunkenen gibt nur das Wägen vor und nach dem Anlegen.**

Wieviel trinkt nun ein gesundes Brustkind im Durchschnitt? Die angegebenen Zahlen stellen Ihnen nur Anhaltspunkte dar, von denen es zahlreiche Abweichungen gibt, ohne dadurch die Entwicklung des Kindes zu beeinträchtigen.

Als Durchschnittswerte der **Einzelmahlzeiten** sind durch Beobachtung von Kinderärzten ausgerechnet worden:

1. Woche	2. Woche	3.—4. Woche	5.—8. Woche	9.—12. Woche
5—50 g	80—90 g	90—120 g	120—130 g	140 g

13.—16. Woche	17.—20. Woche	21.—24. Woche
150 g	160 g	170 g

Für die Feststellung der täglichen Gesamtmilchmenge merken Sie sich, daß im Durchschnitt ein gesundes Brustkind mit Ausnahme der ersten Lebenswoche auf 1 kg seines Körpergewichts trinkt

   im 1. Vierteljahr 150 g Frauenmilch,
   „ 2.   „ um ein geringes weniger,
   „ 3.   „ 100—120 g,

oder auch, daß das gesunde Brustkind im Durchschnitt $^1/_6$ seines Körpergewichts an Frauenmilch trinkt. Die Gesamtmenge von 1 Liter soll im allgemeinen nicht überschritten werden; z. B. Gewicht im 2. Monat 4000 g; 150 g auf jedes Kilo, also 4×150 g = 600 g oder $^1/_6$ des Körpergewichts 4000:6 = 666, also auch annähernd 600 g, d. i. 5×120 g.

Das normale Kind läßt die Brust los und schläft ein, wenn es satt ist; es wäre ganz verkehrt, es noch weiter zu nötigen. Gefährlich ist dies bei milchreichen Ammen, die zu jungen Säuglingen kommen; hier muß man einschränken, indem man das Ammenkind zuerst trinken läßt; gar zu leicht kann sonst durch Überfütterung großer Schaden angerichtet werden. Eine Ausnahme machen nur sehr schwache Kinder, die nicht ordentlich ziehen. Bei diesen muß man ab und zu die Warze im Munde leicht hin und herbewegen und so zum Saugen anregen oder durch Drücken mit der Hand etwas in das Mündchen hineinspritzen.

Das gesunde Kind trinkt im allgemeinen solange, bis es an der Brust einschlummert, durchschnittlich 15—20 Minuten. Diese Trinkzeit wird nur in Ausnahmefällen — schwächliche Kinder trinken bis zu einer halben Stunde — überschritten.

Die ersten Tropfen sind am besten zugleich mit den in den Ausführungsgängen haftenden Bakterien wegzuspritzen. Das hängenbleibende Milchtröpfchen wird das Kind zum schnelleren Zufassen bewegen. Ein Einspeicheln vor dem Anlegen wäre selbstverständlich ein schweres Verbrechen gegen die Sauberkeit.

Kann der Säugling eine zu kleine und zu tief liegende Warze schlecht fassen, so versuche man ihm in geschickter Weise einen zusammenzudrückenden Teil des Warzenhofes mit einzuschieben; ist das Kind nicht gar zu unbeholfen, so wird es sich hier ganz gut festsaugen können. Allenfalls ist eins der vielen Warzenhütchen zu versuchen, die auch bei Schrunden (Einrissen) und damit verbundenen Schmerzen gute Dienste leisten.

Das „Abdrücken" oder „Abziehen" der Milch zum Zweck der Fütterung schwacher Kinder geht am leichtesten, wenn ein Säugling gerade getrunken hat oder noch an der Brust trinkt. Die gebräuchlichen Saugapparate leisten weniger als eine geschickte Hand.

Die Zwiemilchernährung.

Diese Ernährungsart ist die Zwischenform zwischen natürlicher und unnatürlicher (künstlicher) Ernährung, eine Vereinigung beider. Von ihr wird heute leider noch nicht der genügende Gebrauch gemacht. Es ist nämlich von der allergrößten Wichtigkeit, dem Kinde in allen Fällen, in denen die Mutter nachgewiesenermaßen nicht genügend Milch hat oder durch Arbeit verhindert ist, alle Brustmahlzeiten zu geben, ihm stets **soviel Muttermilch** zukommen zu lassen, wie **irgend möglich**, und nur das Fehlende durch die Flasche zu ergänzen. Zur Durchführung der Zwiemilchernährung ist die Beratung der Mutter aus minderbemittelten Kreisen in einer Säuglingsfürsorgestelle besonders wichtig (zur Kontrolle der Ergiebigkeit der Brustdrüse, zur Beratung, wieviel aus der Flasche zugefüttert werden muß usw.). Womöglich wechsele man zu den verschiedenen Mahlzeiten zwischen Brust und Flasche ab, z. B. morgens Brust, vormittags Flasche usw.; gibt man aber zu einer Mahlzeit Brust und Flasche, dann muß das Kind zuerst an die Brust gelegt werden, damit es kräftig genug saugt. Besonders zu beachten ist bei der Zwiemilchernährung, daß der **Sauger eine möglichst feine Öffnung** habe, damit das Kind sich auch an der Flasche ordentlich anstrengen muß; fließt nämlich die Nahrung zu leicht aus der Flasche, so wird es diese bequeme Art zu sehr schätzen lernen und bald die Brust verweigern.

Es ist daher empfehlenswerter, die fehlende Nahrungsmenge nicht mit der Flasche, sondern mit einem Teelöffel oder einer Pipette zu geben. Enthält jedoch die Brust nach dem Trinken des Kindes noch Milch, so wird man diese mit der Hand oder Pumpe abspritzen und, wie oben angeführt, zugeben.

Die Frauenmilch verträgt sich mit jeder anderen Nahrung, ja ergänzt deren Wert bedeutend.

Weiter bildet die Zwiemilchnahrung den Übergang während des Abstillens.

Das Abstillen.

Wann soll abgestillt werden? Etwa im 9. Monat kann ohne Bedenken abgestillt werden. Die Mutter darf jedoch ruhig die Brust reichen, solange Milch da ist, bis weit ins zweite Lebensjahr hinein, vorausgesetzt, daß von einem gewissen Zeitpunkt ab (etwa vom 6.—7. Monat) Beinahrung (Seite 46) zugefüttert wird, und die Brust gegen Ende des Jahres allmählich weniger oft, etwa 3 mal täglich und außerdem 2 mal Beikost, gereicht wird. Tritt eine neue Schwangerschaft ein, so soll langsam abgestillt werden. Das Abstillen erfolgt zweckmäßigerweise zunächst auf Beinahrung und dann erst auf Tiermilch.

Zu welcher Jahreszeit wird am besten abgestillt? Man tut gut, das Entwöhnen nicht in die heiße Jahreszeit zu legen, sondern es dann bis zur kühlen Jahreszeit zu verschieben.

Soll das Abstillen plötzlich geschehen? Nein. Die Zeit des Abstillens sollte **mindestens 2—3 Wochen** betragen. Das Kind muß sich **ganz langsam** an die unnatürliche Nahrung gewöhnen; auf diese Weise versiegt auch die Milchabsonderung allmählich und ohne den Druckschmerz der plötzlich gestauten Drüse.

In jedem Falle ist größte Vorsicht geboten; bisweilen zeigen die Brustkinder beim ersten Löffel Kuhmilch die schwersten Krankheitserscheinungen.

Man verfährt folgendermaßen: Die ersten Tage wird täglich nur **eine Mahlzeit** durch die Flasche ersetzt. Man gibt eine verdünnte Mischung, die höchstens zu $1/2$ aus Kuhmilch besteht. Die Zusatzflüssigkeit ist entweder Wasser oder noch besser dünner Haferschleim mit Zucker (siehe Schema auf Seite 43). Auch soll die Gesamtmenge in der Flasche zunächst weniger betragen, als dem Kinde seinem Alter entsprechend zukäme. In der zweiten Woche reicht man zweimal die Flasche. Von da ab gehe man in der dritten Woche auf ausschließliche unnatürliche Ernährung über. Während der Zeit der Abstillung sollen Mutter oder Amme weniger oder gar keine Flüssigkeit, außerdem morgens ein leichtes Abführmittel zu sich nehmen und die Brüste hochbinden. Man soll jedoch mit diesen Maßnahmen möglichst erst nach Beendigung der Entwöhnung beginnen und immer daran denken, daß während des Abstillens die Möglichkeit gegeben sein muß, zur Brusternährung zurückzukehren, falls die unnatürliche Ernährung nicht vertragen wird.

Die künstliche (unnatürliche) Ernährung.

Bei einer leider großen Zahl, besonders der minderbemittelten Kinder, denen nicht einmal eine teilweise Zuführung von natürlicher Ernährung ermöglicht werden kann, müssen wir uns auf die **unnatürliche Ernährung** (auch **künstliche genannt**) beschränken. Sie ist und bleibt ein gewagtes Spiel, dessen Ausgang nie vorauszusagen ist. Sie sollte möglichst nur auf ärztliche Anordnung und unter ärztlicher Leitung vorgenommen werden. Für diese Ernährungsart kommt in erster Linie die Tiermilch in Betracht, und zwar die Kuh- oder Ziegenmilch. Die Esel- oder Stutenmilch ist zwar der Frauenmilch ähnlicher, aber zu schwer zu beschaffen und zu teuer. Mischmilch, von mehreren Kühen zusammengemischt, ist vorzuziehen. Trockenfütterung der Tiere braucht nicht verlangt zu werden.

Von der Beschmutzung und Gefährdung, der die Milch bis zum Momente der Fütterung ausgesetzt ist, ist schon an anderer Stelle gesprochen.

Welche Anforderungen sind an eine gute Kuhmilch zu stellen?

1. **Die Tiere müssen gesund sein**, dürfen also keine Euterkrankheit, vor allen Dingen keine Tuberkulose haben. Diese Forderung läßt sich heutzutage sehr wohl erfüllen, und ihr wird auch in vielen modernen, für die Lieferung von Kindermilch bestimmten Ställen entsprochen.

2. **Die Milch muß sauber gemolken sein.** Dies ist nur möglich in einem besonders darauf zugeschnittenen Betrieb, wo auf peinlichste Reinlichkeit der Kühe, der Ställe, des Melkers und der Milchgeschirre der größte Wert gelegt wird. In solcher Milch werden sich beim Stehen niemals Schmutzteilchen am Boden absetzen.

3. **Die Milch muß einwandfrei aufbewahrt werden.** Beim Aufbewahren in gewöhnlicher Temperatur findet nämlich alsbald eine Zersetzung durch Bakterien statt. Da diese Zersetzung, selbst wenn sie hochgradig ist, durch unsern Geruchs- und Geschmackssinn oft gar nicht wahrgenommen werden kann, sollen Sie im folgenden hören, wie wir unsere Kleinen vor diesem Übel bewahren.

Vor Zersetzung schützt am besten die Kälte, und zwar muß die Temperatur weniger als 9° Celsius über 0 betragen. Wird die einwandfrei gewonnene kuhwarme Milch sofort auf diese Temperatur abgekühlt und dauernd auf Eis gehalten, so verdirbt sie 24 Stunden lang sicher nicht.

Doch diese günstigen Verhältnisse können wohl in einer Anstalt bisweilen vorliegen, im Privathause dürfen wir uns darauf nie verlassen. Hier ist deshalb das sofortige Kochen, Kühlen und nachherige

Aufbewahren an einem kühlen Ort (Eisschrank, Keller, Kühlkiste) bringend erforderlich.

Am zweckmäßigsten ist es, wenn sofort nach dem Einliefern die Milch in der bestimmten Menge auf die sämtlichen Tagesflaschen mit möglichst einer Reserveflasche (statt 5 also 6, statt 6 also 7) verteilt, die fertiggestellte gezuckerte Zusatzflüssigkeit zugefüllt und der Verschluß aufgesetzt wird. Dann bringt man zur Sterilisation alle Flaschen zusammen in einem Wasserbehälter aufs Feuer, und zwar so, daß die Wasseroberfläche die Oberfläche der Mischung in den Flaschen überragt. Hier verbleiben sie vom Moment des Kochens an 3—5 Minuten. Dann läßt man unter der Wasserleitung vom Topfrand her oder besser durch einen am Wasserhahn angebrachten und bis auf den Boden des Gefäßes reichenden Schlauch vorsichtig kaltes (im allgemeinen mit einer Temperatur von 10^0 C) zu, so daß das warme Wasser allmählich durch kaltes ersetzt wird. Auf diese Weise kühlen sich die Flaschen schnell ab, ohne zu springen. Natürlich darf nichts in den Verschluß geraten. Kühlt man die Flaschen nicht ab, so wird man oft im Eisschrank, auch wenn sie erst nach einer Stunde hineinkommen, eine erstaunlich hohe Temperatur finden, die seinen Zweck hinfällig macht. Steht ein Eisschrank nicht zur Verfügung, so bewahrt man den Wasserbehälter in fließendem oder wenigstens häufig gewechseltem kaltem Wasser auf oder in einer sogenannten Kühlkiste, die jederzeit leicht herzustellen ist.

Vor dem Gebrauch wird die Flasche auf Körpertemperatur durch Einstellen in warmes Wasser erwärmt, gut durchgeschüttelt, auf Geschmack und Temperatur geprüft und dann mit aufgezogenem Sauger dem Kinde gegeben.

Nicht immer wird es möglich sein, die Milchmischung auf diese zweckmäßige praktische Art herzustellen. Wenn nur eine oder zwei Flaschen im Haushalt vorhanden sind, wird man am besten die Milch, sobald sie ins Haus kommt, in einem Kochtopf — möglichst Emaille — auf das Feuer setzen, 3 Minuten unter Umrühren im Kochen erhalten und dann durch Einsetzen des Topfes in ein Gefäß mit kaltem, häufig auszuwechselndem Wasser unter Umrühren abkühlen. Ist sie erkaltet, wird sie zugedeckt an einem kühlen Ort (Keller, Eisschrank, Kühlkiste) aufbewahrt. Die Zusatzflüssigkeit wird vorschriftsmäßig besonders hergestellt, wie oben angegeben gekühlt und verwahrt.

Vor der Mahlzeit wird die Milch in die Flasche gegossen, mit der Zusatzflüssigkeit verdünnt, vorschriftsmäßig gesüßt und dann, wie oben angegeben, dem Kinde gegeben. Am wenigsten empfehlenswert

Ernährung des gesunden Säuglings.

und nicht ratsam ist es, die Milch mit der Zusatzflüssigkeit zu mischen und zu süßen, da bei diesem Verfahren, besonders im Sommer, sehr leicht ein Verderben durch Säuerung und dadurch Unbrauchbarkeit für den Säugling eintritt.

Ein praktischer Kochtopf für die Abkühlung der Gesamtmilchmenge ist der nach Flügge; in diesem wird durch besondere Einrichtungen das Überschäumen bzw. Überkochen der Milch vermieden.

Von den Kochapparaten ist der gebräuchlichste der von Soxleth angegebene. Er besteht aus einem Kochtopf mit Deckel, einem Blechgestell mit Fächern, einem graduierten Mischkrug, der notwendigen Anzahl Flaschen, Gummiplättchen, Schutzhülsen und Reinigungsmaterial. Die Flaschen werden, wie schon erläutert, gefüllt, mit Gummiplättchen und Schutzhülsen versehen und dann auf dem Blechgestell in den mit warmem Wasser gefüllten Kochtopf gebracht, welcher mit dem Deckel zugedeckt auf das Feuer gesetzt wird. Nach Kochen des Wassers bleiben die Flaschen 3—5 Minuten im Kochen und werden dann in der angegebenen Weise gekühlt und aufbewahrt. Beim Erkalten werden die Gummiplättchen eingesogen und die Flaschen dadurch luftdicht verschlossen.

Für die Reise kann man sich eines Apparates[1]) bedienen, der nach dem Prinzip der Thermosflaschen gebaut ist. Die Milch oder Milchmischung kann in diesem Apparat sowohl kühl als warm, sogar 24 Stunden und darüber hinaus, gehalten werden. Die Milch oder Milchmischung darf nie über Nacht aufgehoben werden. Jeder Rest ist abends fortzugießen. Man tut besser, morgens Schleim oder Tee zu geben, wenn man Milch nicht früh genug erhalten kann; keinesfalls darf man dem Kinde über Nacht aufgehobene Reste geben.

Eine andere vielfach geübte Methode ist das Pasteurisieren der Milch. Die Milch wird hierbei längere Zeit auf nur 70—80° erwärmt, also nicht gekocht (100°). Hierdurch verändert sich die Milch weniger eingreifend; allerdings werden auch die meisten Bazillen nicht getötet, sondern nur in ihrer Entwicklung geschwächt, so daß sie kaum noch schaden können.

Im Krankenhausbetrieb wendet man besondere Systeme zum Kochen an, bei denen man die Möglichkeit hat, durch besondere Vorrichtung zu sterilisieren, pasteurisieren und durch Berieselung schnell und ausgiebig zu kühlen.

---

[1]) Kochapparat nach Bickel-Röder, zu beziehen durch die Thermosgesellschaft-Berlin

Zu langes Kochen, wie es früher beliebt war, verändert die chemischen Eigenschaften der Milch zu sehr, verdirbt den Geschmack und kann zu Krankheiten führen. Deshalb erkundigen Sie sich bei Ihrem Lieferanten, ob die Milch schon vorher gekocht war und wie lange.

Alle mit der Fütterung in Beziehung stehende Gegenstände müssen peinlichst sauber gehalten, sozusagen aseptisch sein. Die Flaschen werden nach dem Trinken sofort mit Wasser gefüllt und möglichst bald mit einer Flaschenbürste, Schrot oder zerkleinerten Eierschalen und dergleichen gereinigt, nachgespült und umgekehrt zum Trocknen aufgestellt. Ein Sterilisieren der Flasche in besonderen Apparaten, wie im Krankenhaus, ist beim einzelnen Kinde im Privathaus nicht notwendig.

Die Sauger sind sofort nach Gebrauch unter dem Strom der Wasserleitung abzuspülen, dann innen und außen mit heißem Soda-, Salz- oder Boraxwasser gründlich zu reinigen, mit klarem Wasser nachzuspülen und in mit sauberem Mull, Leinentuch oder Deckel bedeckten Tassen oder Gläsern, nicht in antiseptischen Lösungen, trocken aufzubewahren. Bei dem im Krankenhaus täglich angewandten notwendigen Auskochen der Sauger in kochendem Wasser werden diese mit einer Pinzette aus dem Wasser nach 3 Minuten langem Kochen herausgenommen und am besten zwischen einem sterilen Tuch trocken aufbewahrt. Im Privathaus ist das ständige Auskochen nicht unbedingt erforderlich.

Als S a u g e r benutzt man einfache Gummihütchen, in die man mit glühender Nadel ein Loch gebrannt hat. Man kann nicht ein und dasselbe Hütchen für verschieden dicke Nahrungssorten verwenden. Für Tee oder stark verdünnte Milch muß das Loch erheblich feiner sein als für Schleim oder Buttermilch, da sonst das Kind sich entweder verschluckt oder überhaupt nichts bekommt. Sauger mit Röhrensystem sind verwerflich, da sie nicht genügend zu reinigen sind.

Eine moderne T r i n k f l a s c h e sollte an der Außenseite eine Einteilung nach Kubikzentimetern haben; sie sollte nicht mehr als 200 ccm[1]) fassen, da der Gebrauch größerer Flaschen leicht dazu führt, daß Unkundige das Kind überfüttern. Wir empfehlen Ihnen als brauchbarste Flasche die G r a m m a - F l a s c h e des Kaiserin Auguste Victoria-Hauses zur Bekämpfung der Säuglingssterblichkeit im Deutschen Reiche (200 ccm-Flasche), die allen hygienischen Anforderungen genügt, gut zu reinigen,

---

[1]) 1 ccm = der tausendste Teil eines Liters, 1 ccm = 1 Gramm Wasser = ungefähr 1 Gramm Milch.

exakt eingeteilt und sehr haltbar ist. Die Flaschen, bei denen man nach „Nummern" oder „Strichen" rechnet (ein Strich ist ungefähr 18 bis 20 ccm) sollten nicht gebraucht werden.

Als Flaschenverschlüsse können die gewöhnlichen Patentverschlüsse mit Gummiringen, saubere ungeleimte, gelbe Wattestopfen, kleine Mullbeutelchen mit Watte oder auch Stopfen aus weißem Papier benutzt werden. Die Stopfen aus Watte und Papier sind vor jedesmaliger Bereitung der Nahrung zu erneuern, die Patentverschlüsse wie die Sauger, zu reinigen.

Technik der Flaschenfütterung. Vor der Mahlzeit reinigt sich die Pflegerin die Hände, versieht die bestimmten Flaschen mit dem Saughütchen, das aber nur an seinem unteren Ende angefaßt werden darf und setzt sie in warmes Wasser, das etwa 40° C hat. Zur rechten Zeit hat dann die Milch die Wärme des auf Körpertemperatur gesunkenen umgebenden Wassers angenommen. Ein schnelleres Erwärmen in heißem Wasser ist ebenso unzuverlässig wie schnelles Abkühlen in kaltem; wir warnen Sie davor, die Temperatur der Milch nach der des Flaschenglases an seiner Außenfläche schätzen zu wollen, denn dortselbst fühlen Sie die Wärme der umgebenden, aber nicht der inneren Flüssigkeit. Leicht könnten so Brandbläschen auf der Zunge mit ihren Folgeerscheinungen entstehen. Also langsames Erwärmen auf Körpertemperatur!

Die Wärme der zu verabreichenden Milch, also 35° C = 28° R, wird geprüft, indem Sie die gutdurchgeschüttelte Flasche an Ihr Augenlid halten, der Geschmack, indem Sie etwas Milch auf den Handrücken tropfen und kosten.

Das Probieren aus dem Sauger ist strengstens verboten.

Weiter sind folgende Regeln zu beachten:

Die Lage des Kindes soll diejenige sein, die es auch beim Stillen einnimmt, das ist die Halbseitenlage. Die Flasche darf nur am unteren Ende, möglichst weit vom Mundteil entfernt, angefaßt werden. Während des Trinkens soll die Pflegerin die Flasche halten. Warum? Mehrere triftige Gründe sind hierfür maßgebend. Oft verliert das Kind den Sauger, und dann findet man die kalte Flasche neben dem Kinde liegen; bis zum zweitmaligen Wärmen vergeht kostbare Zeit, und die Pausen zwischen den Mahlzeiten werden unnötig verkürzt. Oft ist die Milch so ins Bett gelaufen, und man kann sich kein Urteil über die getrunkene Menge bilden. Oder der Sauger gleitet zu tief in den Rachen und verursacht Brechen und Verschlucken. Oft schläft das Kind beim Trinken ein, die Milch läuft weiter und kann in Luftröhre und Lungen fließen, was sofortiges Ersticken zur Folge haben kann. Auch bringt man schwache Kinder nur dann zum Trinken, wenn man sie fortwährend durch Hin- und Herziehen der Flasche ermuntert. Bei manchen mit Schnupfen und Atemnot verbundenen Krankheiten endlich saugen die Kinder immer nur für Momente; man verabfolgt dann am besten häufigere und kleinere Mahlzeiten.

Nehmen Sie diese Regeln nicht leicht. Wir wissen sehr wohl, daß das Fütterungsgeschäft in manchen Krankenhäusern ein wunder Punkt ist aus Mangel an Pflegepersonal. Doch ist die Sache zu wichtig, als daß man von der Forderung des Flaschenhaltens absehen könnte.

Die Trinkzeit darf sich nie über eine halbe Stunde ausdehnen, auch wenn ausnahmsweise die Flasche einmal nachgewärmt werden müßte; dadurch würden die Pausen verkürzt. Bei Kindern, die langsam trinken, ist es angezeigt, die Flasche mit einem Tuch zu umwickeln, um eine Abkühlung der Nahrung zu vermeiden. Im allgemeinen ist in 10 Minuten das Geschäft beendet. Der etwa verbleibende Nahrungsrest darf in keinem Falle verwahrt werden; er wird sofort weggegossen.

Wieviel Nahrung soll man dem künstlich ernährten Säugling geben, und in welcher Verdünnung? Es ist lediglich Sache des Arztes, darüber Vorschriften zu machen; die Verantwortung ist zu groß, als daß Sie hier Vorschläge machen dürften.

Damit Sie einen Anhaltspunkt haben, der Sie in die Lage versetzen mag, die Anordnungen des Arztes zu verstehen, geben wir Ihnen die folgende Tabelle.

Es ist sehr wichtig, daß Sie sich bei Benutzung dieser Tabelle den jetzt folgenden Text genau durchlesen, um Mißverständnisse zu vermeiden.

Als Grundregel ist zu merken, daß sich die Art der Mischung und ihre Menge nicht etwa nur nach dem Alter, sondern auch nach dem Gewicht und dem Zustand des Kindes richten. Die in der Tabelle angegebenen Tagesmengen sind Durchschnittszahlen, wie sie durch Vergleich von Hunderten normal gedeihender Kinder gefunden wurden; kleine Abweichungen nach unten oder oben haben nichts zu bedeuten, wenn das Kind sonst gesund ist. Für praktische Zwecke hat sich nun herausgestellt, daß Kuhmilch, je nach dem Alter und dem Kräftezustand verschiedenartig verdünnt und mit Zucker versehen, zur Ernährung geeignet ist. Die Zahlen der Tabelle sollen Ihnen einen ungefähren Anhalt dafür geben. Dabei ist zu bemerken, daß die auf diese Weise hergestellte Mischung meist nicht ganz vollkommen den Nährwert der

Beispiel für die Durchführung der künstlichen Ernährung eines gesunden Säuglings.

Alter	Zahl und Größe der Einzelmahlzeiten	Gesamtmenge ccm	Mischungsverhältnis	Zusatzflüssigkeit	Zucker zur Gesamtmenge
1 Tag	Tee (mit Sacharin)				
2 Tage	6 × 10 ccm[1])	60	1 Milch 2 Wasser	Wasser	
3 „	6 × 20 „	120	1 „ 2 „	„	
4 „	6 × 30 „	180	1 „ 2 „	„	
5 „	6 × 40 „	240	1 „ 2 „	„	5 % auf die Gesamtmenge also auf 100 g Flüssigkeit je 5 Gramm.
6 „	6 × 50 „	300	1 „ 2 „	„	
7 „	6 × 60 „	360	1 „ 2 „		
2 Wochen	5 × 100 bis 120 ccm	600	1 „ 2 „	„	
3 u. 4 Wochen	5 × 150 „	750	1 „ 2 Schleim[2]	Schleim	
2 Monat	5 × 160 „	800	1 „ 1 „	„	
3 „	5 × 180 „	900	1 „ 1 „	„	
4—6 Monat	5 × 180 bis 200 ccm	900—1000	2 „ 1 Mehlabkochung	Mehl	

Im 6. Lebensmonat beginnt man die Mittagsmahlzeit durch die Beikost (S. 46) zu ersetzen. Nach dem ersten Lebenshalbjahr auf Vollmilch überzugehen, scheint nicht durchaus notwendig, nicht einmal für alle Kinder zuträglich. Vom 7. Monat an würde demnach die Kost aus 3 Flaschen Zweidrittelmilch (200 g) früh, mittags und nachmittags, der Beikost zu Mittag und einem Milchbrei (200 g mit eingekochtem Grieß oder Zwieback) am Abend bestehen.

Frauenmilch erreicht; doch ist der Unterschied nur unbedeutend. Aber wir dürfen stärkere Konzentrationen meist nicht wagen, andererseits würden größere Mengen von Flüssigkeit leicht zu Magenerweiterung und deren Folgen führen. Im allgemeinen ist streng daran

---

[1]) 6 ist die Höchstzahl: bei geringem Nahrungsbedürfnis, dort, wo die Kinder viel schlafen, genügen 3—4 Mahlzeiten mit der gleichen Gesamtmenge.

[2]) Im ersten Monat Schleim aus 5 g Hafergrütze auf 1 Liter, im zweiten Monat Schleim aus 10—20 g Hafergrütze auf 1 Liter, im dritten Monat Schleim aus 15—30 g Hafergrütze auf 1 Liter. Schleim mindestens ½ Stunde lang kochen. Im zweiten Vierteljahr 20—30—50 g Weizenmehl oder Hafermehl bezw. Hafergrütze auf 1 Liter.

festzuhalten, daß an keinem einzigen Tage 1 Liter der Gesamtflüssigkeit überschritten werden darf. Im Zweifelsfalle gebe man lieber etwas zu wenig als zu viel. Durch zu wenig wird nichts verdorben; das läßt sich schnell wieder ausgleichen. Ein Zuviel dagegen kann die schwersten Schädigungen nach sich ziehen. Nach dem ersten Lebensjahre soll, wie wir nebenbei bemerken wollen, weniger als ein Liter Milch gegeben werden.

Die Zusatzflüssigkeit, mit der die Milch verdünnt wird, besteht in den ersten Wochen aus abgekochtem Wasser und der entsprechenden Menge Zucker. Unter eine Verdünnung von 1 Milch auf 2 Wasser darf auf keinen Fall heruntergegangen werden. Auf Anordnung des Arztes kann aber auch vom ersten Tage an Halbmilch gegeben werden. Als Zucker nehme man einfachen Kochzucker, wenn nicht vom Arzte andere Zuckerarten, wie Soxleths Nährzucker, Nährmaltose, Milchzucker oder Malzextrakt verordnet werden; die beiden ersteren werden bei Neigungen zu dünnem Stuhl, die beiden letzteren bei Neigung zur Verstopfung angewendet. Von der 4. Woche ab verdünnt man statt mit einfachem Wasser mit einer ganz dünnen Schleimabkochung (anfangs nur einen Teelöffel[1]) Hafergrütze, Haferflocken, Grieß, Graupen oder dergleichen auf 1 Liter Wasser, später mehr). Dazu eignen sich am besten Hafer- oder Gerstenmehl und Hafergrütze, die in dem Wasser mindestens eine halbe Stunde kochen müssen (siehe Kochvorschriften S. 95). Das beim Kochen verdunstete Wasser ist wieder zu ergänzen. Präparierte Kindermehle sollen nur auf Anordnung des Arztes gegeben werden. Ebenso sind Milchkonserven ohne ärztliche Verordnung nicht zu verwenden. Was man frisch erhalten kann, soll man nicht konserviert genießen.

Wie oft und in welchen Pausen wird die Nahrung gereicht? Haben wir schon bei der Brusternährung die großen Vorzüge und die Notwendigkeit der seltenen Fütterung und der langen Pausen kennen gelernt, so sind die dort angeführten Gründe bei künstlicher Ernährung noch viel mehr zu berücksichtigen, da die unnatürliche Nahrung weit langsamer verdaut wird als die natürliche. **Man gibt sie am besten 4 stündlich, unter $3^1/_2$ Stunden gehe man keinesfalls herab. Die Zahl der Mahlzeiten sei 5, höchstens 6 in 24 Stunden**, und zwar verabfolgt man sie am besten um 6, 10, 2, 6 und 10 Uhr,

---

[1]) 1 Eßlöffel, Kinderlöffel, Teelöffel Milch oder Wasser ist gleich 15, 10 beziehungsweise 5 g. Die Abmessung von Mehl und Zucker erfolgt zweckmäßiger mit Hilfe der Wage als nach Löffeln. (Siehe Tabelle Seite 48.)

Ernährung des gesunden Säuglings.

Schema der Beinahrung.

Alter in Monaten	Künstliche Ernährung				Natürliche Ernährung			Beinahrung
	Anzahl	Milchmischungen		Art	Brustmahlzeit		
		Menge			Anzahl	Menge	
Anfang 6. Monat	5	180		²/₃ Milch	5	gegen 200	Mittags einige Teelöffel dünnen Brühgrieß, ein- bis zweimal täglich 1 Teelöffel Fruchtsaft oder Mohrrübensaft.
Mitte 6. Monat	4 1	180 100		²/₃ Milch ²/₃ Milch mittags	4 1	„ 200 „ 100	Gestiegen bis auf 100 g; der Brei ist dicker, sonst dasselbe.
7. Monat	4	180		²/₃ Milch	4	„ 200	Vormittags: 50 g Weißkäse mit einem Zwieback. Mittags: Brei 200 g, dazu 2 Teelöffel Spinat. Nachmittags: einen Zwieback.
9.—12. Monat	3	200—220		Vollmilch	3	200	Vormittags: einen Zwieback oder Keks, oder ¹/₂ Butter- oder Mußbrot oder ¹/₄ geschabten Apfel oder Tomaten oder 3 Eßlöffel weißen Käse. Mittagsmahlzeit 200: bestehend in ungefähr 100 Gemüse, 50 Kartoffelbrei, 50 Grießbrei in unter- einander wechselnden Mengen oder ein Teller Suppe: Grieß, Porree, Sellerie, Mohrrüben-, Tomaten- und dergleichen und 150 g Flam- merie mit Himbeersauce oder Apfelmus. Nachmittags: siehe vormittags. Abends: gegen 200 g Milchgrießbrei, Zwieback- milchbrei und dergl. Milchtagesmenge nicht über 800.

dann Nachtruhe bis 6 Uhr morgens, oder auch um 5, ½10, 1, ½5, 8 Uhr, Nachtruhe bis 6 Uhr morgens.

Wenn Sie nun einmal in die Lage kommen, selbständig ohne Arzt die künstliche Ernährung einzuleiten, so können Sie sich als ungefähren Anhaltspunkt merken, daß die Trinkmenge des künstlich genährten Kindes sich wie die des Brustkindes verhält (siehe dort S. 34). Sie haben aus der Tabelle gesehen, daß beispielsweise ⅓ Milch höchstens bis zur 4. Woche, ½ Milch bis zum 3. Monat, ⅔ Milch bis gegen Ende des ersten Jahres gegeben werden kann. Z. B. Kind 2 Monat alt, Gewicht 4000, 150 g Nahrungsflüssigkeit auf jedes Kilo, also $150 \times 4 = 600$ ccm ½ Milch für 24 Stunden oder ⅙ des Körpergewichts $\frac{3600}{6} = 600$ ccm ½ Milch.

Auf einen Punkt machen wir Sie besonders aufmerksam: Solange der Säugling sich bei einer bestimmten Nahrungsmenge wohlfühlt und befriedigende Zunahme aufweist, **steigern Sie nie ohne Grund die Menge** etwa nur deshalb, weil er einige Wochen älter geworden ist, oder weil es auf der Tabelle steht. Es ist ein gewagtes Spiel; mehr als gedeihliche Fortentwicklung kann man nicht verlangen, damit soll man zufrieden sein. Manche Kinder können monatelang mit der gleichen Menge tadellos gedeihen.

Das Sprichwort: „Speikind — Gedeihkind" besteht **nicht** zu Recht. Was wieder zurückkommt, war zu viel gewesen, oder es wurde zu hastig oder leer getrunken und Luft verschluckt, oder aber es ist gar der Zustand durch chronische Überladung verursacht worden.

Bei richtiger Fütterung wird man nicht nötig haben, wie es vielfach üblich ist, das Kind nach dem Trinken aufzurichten, zu schütteln oder gar auf den Bauch zu klopfen, damit die Luft wieder herauskommt. Wenn auch manche Kinder trotz des Speiens ganz gut gedeihen: bei sorgfältiger Fütterung würde der Erfolg ein viel sicherer sein.

Die Beinahrung.

Mit Beginn des zweiten Halbjahres, wo meist die ersten Zähnchen da sind, muß neben der Flasche noch festere Nahrung (Brei) verabfolgt werden. Bei den ersten Versuchen stellen sich die meisten Kinder recht ungeschickt an, ja verweigern oft beharrlich jede Annahme. Um den Übergang unmerklich zu gestalten, muß der Brei **zunächst sehr dünn**, fast wässerig sein, so daß er von der Flaschennahrung

Ernährung des gesunden Säuglings.

kaum zu unterscheiden ist. Die erste Woche reicht man einmal täglich, vor der Mittagsflasche, nur einige Teelöffel von sogenanntem Brühgrieß. Dieser ist möglichst aus Bouillon hergestellt. Man darf sich nicht entmutigen lassen, wenn die Kinder im Anfang oder auch später sich sehr ungeschickt bei der Darreichung der Beikost anstellen und alles ausspucken, man versuche es immer wieder damit, setze gegebenenfalls einige Prisen Salz oder Zucker zu. Schließlich wird man bei gesunden Kindern doch zum Ziele kommen. Ganz allmählich steigert man die Menge und die Dickflüssigkeit, so daß mehrere Eßlöffel dicklichen Breies genommen werden.

Bekommt dem Kinde die Beigabe von Brei gut, so soll mit der Zugabe von Gemüse begonnen werden. Man wählt am besten den Spinat, der zuerst in Menge eines halben Teelöffels zugesetzt wird. Nach und nach steigert man die Beikost, bis schließlich am Ende des 6. Monats eine Gesamtmenge von ungefähr 200 g erreicht ist. Man kann auch Reis, Tapioka, Zwieback, Haferflocken, Mehl und dergleichen zum Brei verwerten, Kartoffelbrei zusetzen. Auch in Kartoffel- oder Gemüsesuppe kann Grieß oder Reis eingekocht und Gemüse eingerührt werden. Ist das Kind an die Beikost gewöhnt, dann versucht man langsam eine zweite Breimahlzeit statt der Flaschenmahlzeit am Nachmittag oder Abend einzusetzen und auch dem Kinde ein oder zwei Zwiebäcke oder Keks zum Kauen in die Hand geben. Fruchtsäfte, 1—2 Teelöffel Apfelsinensaft, Kirschsaft, Himbeersaft, Traubensaft, auch ein Teelöffel geschabten Apfels sind dem gesunden Kinde vom 6. Monat an durchaus bekömmlich.

Die Pflegerin muß darauf achten, daß dem Kinde die Nahrung nicht zu heiß gegeben wird. Manchmal ist darauf die Verweigerung der Kost zurückzuführen. Die Pflegerin kostet vorher, aber mit einem anderen Löffel. Gefüttert wird möglichst auf dem Schoß der Pflegerin mit einem Teelöffel. Die Pflegerin muß darauf achten, daß das Kind sich nicht verschluckt und daher den Kopf des Kindes etwas erhöht legen. Damit die Beikost nicht zu schnell erkaltet, kann ein Wärmeteller angewandt werden; in einfacher, billiger Weise wird die Kost auf einem Teller oder in einem Topf zugedeckt, auf einen Topf mit kochendem Wasser — Wasserbad — gesetzt und dann von dort aus in kleinen Portionen verfüttert oder aus dem mit einer dicken Lage Zeitungspapier umhüllten, zugedeckten, auf einer Lage Zeitungspapier stehenden Kochtopf in kleinen Mengen entnommen. Besonders bei langsamer Nahrungsaufnahme ist die dauernde Anwärmung der Kost zweckmäßig.

Oft erscheint das Gemüse beim Säugling zunächst in seiner natürlichen Farbe wieder; es ist das nicht ein Zeichen von Krankheit, wenn Gemüsereste im Stuhl sichtbar werden.

Eier bleiben im ersten Jahre besser weg; sie sind unnötig und werden in vielen Fällen schlecht vertragen; auch Fleisch soll frühestens am Ende des ersten Jahres höchstens teelöffelweise zur Beikost zugesetzt, feingeschabt und passiert zugegeben werden (vgl. Kochvorschriften). Das beigegebene Schema über einen Diätzettel im 6.—12. Monat kann der Pflegerin ungefähr einen Anhalt geben, wie sie mit der Beinahrung vorzugehen hat. Sie soll immer bedenken, daß durch die in der schematischen Tabelle gemachten Angaben nur ein ungefährer Anhalt gegeben ist, daß der Zustand des Kindes aber die Art und Menge der Mischungen entscheidet und dem Arzt das entscheidende Wort zufällt.

Allzu große Abwechslung ist nicht durchaus notwendig, wie auch die Leckerbissen seltener zu geben sind, da das hierdurch verwöhnte Kind die einfachen und bekömmlichsten Breie dann leicht verweigern wird. Die Beinahrung des Brustkindes wird in gleicher Weise begonnen und weiter verabfolgt (siehe Kochvorschriften Seite 96).

Die Erziehung des Säuglings.

Ist es denn überhaupt möglich, Säuglinge zu erziehen? Ganz gewiß, man muß es sogar tun, und zwar vom ersten Lebenstage an.

Im allgemeinen wird der erzieherische Einfluß, den man auf ein Kind bereits im ersten Lebensjahre ausüben kann, unterschätzt. Die Folge davon ist, daß in dieser Hinsicht entweder zu wenig oder zu viel mit den Kindern vorgenommen wird.

Die erste, wichtigste Erziehungsmaßregel sei die Gewöhnung an eine Zeitordnung. Das erreichen Sie durch die Art der Ernährung, durch die regelmäßigen Nahrungspausen. Sie werden später hören, wie wichtig die Innehaltung der Pausen für den normalen Ablauf des Ernährungsvorganges ist, aber ebensowenig zu unterschätzen ist sie als Erziehung zur Beherrschung des Willens. Und dadurch, daß Sie die Nahrungsmengen so berechnen, daß jede Überernährung ausgeschlossen ist, erziehen Sie die Kinder schon im ersten Jahre zur Mäßigkeit.

Im übrigen überlassen Sie den Säugling sich selbst, und hüten Sie sich davor, durch immer neue Reize seine Ansprüche zu steigern. Wenn Sie das Kind oft auf den Arm nehmen, schaukeln oder ihm,

Die Erziehung des Säuglings.

wenn es schreit, einen Schnuller geben, wird es schnell die Annehmlichkeit dieser Dinge empfinden und immer wieder so lange schreien, bis seine diesbezüglichen Wünsche erfüllt sind. Doch wäre es verfehlt, die schaukelnde Bewegung bzw. den Schnuller grundsätzlich aus der Säuglingspflege zu verbannen. Ruhige Kinder allerdings bedürfen keines Beruhigungsmittels; aber für die unruhigen sind solche nicht verboten, da stundenlanges Schreien für das Gedeihen des Kindes absolut nicht gleichgültig ist. Durch dauernde Unruhe können die Verdauungsvorgänge gestört werden, der Gewichtsansatz kann leiden, Brüche, Leistenbrüche, Nabelbrüche können durch die Bruchpforte treten oder sich vergrößern. Bei sehr unruhigen Kindern dürfen Sie daher den Schnuller oder Lutscher ruhig gestatten, unter der Voraussetzung allerdings, daß er immer tadellos sauber und aus einem Stoff ist, der sich nicht zersetzen kann. Die mit Löchern versehenen Saugpfropfen, gefüllt mit Zucker, Brot, Papier und dergleichen, verschlossen mit einem Korkpfropfen, sind strengstens untersagt. Der saubere Schnuller ist ein harmloses Beruhigungsmittel, viel harmloser als die Ablenkung des Kindes durch andere Reize, durch Gehörs- oder Gesichtseindrücke. Der Gebrauch des Schnullers ist bei Unachtsamkeit nicht gänzlich gefahrlos: er kann vom Kinde zu weit eingesogen werden, zu tief in den Rachen gelangen, wodurch die Gefahr der Erstickung gegeben ist. Sie müssen daher recht vorsichtig sein und werden gut tun, entweder einen Schnuller anzuwenden, der mit einem hörnernen Abgrenzungsring versehen ist oder das Innere des Schnullers mit dem sauberen Zipfel eines Tuches fest auszustopfen und dieses am Bettgitter zu befestigen.

Die Erziehung zur Stubenreinheit kann schon vom 4.—5. Monat ab geschehen. Das Kleine wird bald merken, daß es aus der unbequemen Lage des „Abhaltens" sofort befreit wird, wenn es sein Bedürfnis erledigt hat und wird sich danach richten.

Auch mit der Erziehung zur Folgsamkeit, zu einem „artigen Kinde" kann man bei älteren Säuglingen beginnen. Man tue ihnen stets nur dann ihren Willen (Spielsachen reichen usw.), wenn sie ihn in geziemender Form zu verstehen geben, verweigere ihn aber grundsätzlich, wenn sie glauben, ihn durch Eigensinn, Murren oder Schreien durchsetzen zu können. Auch ein energisches Wort zur rechten Zeit ist oft von guter Wirkung und macht körperliche Strafen überflüssig. **Körperliche Strafen bei einem Säugling sind eine Roheit.**

Zu warnen ist davor, sich zu viel mit einem Säugling zu beschäftigen und ihm „Kunststückchen" beibringen zu wollen. Die frühzeitige

Entwicklung des zarten Gehirnes ist vom Übel, und ein frühreifes und altkluges Kind zu haben, rächt sich oft im späteren Leben. Man lasse den Kindern möglichst viel Freiheit und nörgle nicht an Kleinigkeiten. Wenn man aber eingreift, so sei der vornehmste Grundsatz: Gerechtigkeit. Beherrschen Sie Ihre Launenhaftigkeit und den Jähzorn; das Kind muß stets herausfühlen, daß die Befehle und Strafen notwendig und zu seinem Besten sind.

Der kranke Säugling und seine Pflege.

Allgemeines.

Was soll die Pflegerin von den Säuglingskrankheiten wissen? Nicht die Behandlung der einzelnen Krankheitsformen sollen Sie lernen. Vielmehr sollen Sie in den Stand gesetzt werden, das Herannahen einer Erkrankung, den Übergang vom gesunden in den kranken Zustand rechtzeitig zu bemerken, um den Arzt früh genug benachrichtigen zu können und bis zu dessen Ankunft zweckentsprechende Anordnungen zu treffen.

Muß denn zu jeder Kleinigkeit der Arzt zugezogen werden? Heilt nicht auch vieles von selbst? Will eine Mutter bei der Erkrankung ihres Kindes keinen Arzt zuziehen, so übernimmt sie für eine solche Unterlassung eine schwere Verantwortung. Sollten Sie aber veranlaßt werden, die Pflege eines Kranken zu übernehmen, den ein staatlich geprüfter Arzt nicht untersucht hat, so sollen Sie Ihren ganzen Einfluß dahin geltend machen, eine ärztliche Untersuchung durchzusetzen. Natürlich geben wir zu, daß manche Störungen ohne ärztliches Zutun heilen können. Kann das aber ein Laie mit Sicherheit voraussagen? Es gibt eine Menge Krankheiten, die oft ganz harmlos aussehen, aber ohne rasches und energisches ärztliches Eingreifen dauerndes Siechtum oder gar den Tod nach sich ziehen. Wir erinnern an tiefsitzende Eiterungen, ansteckende Ausschläge usw. Sie kann ein Laie unmöglich richtig bewerten. Wollen Sie da die furchtbare Verantwortung auf sich nehmen, mit einem Menschenleben frevelhaftes Spiel getrieben und bei ansteckenden Krankheiten auch die Mitmenschen einer Lebensgefahr ausgesetzt zu haben?

Welches sind bei den Säuglingen die ersten Anzeichen einer herannahenden Krankheit? Je liebevoller man sich der Pflege hingibt, je sorgfältiger man beobachtet, desto eher und sicherer wird man den Übergang von Gesundheit zur Krankheit erkennen. Was uns zuerst auffällt, ist das veränderte Wesen des Kindes; es wird teilnahmloser, es freut sich nicht mehr wie sonst, wenn man ans Bettchen kommt, läßt nicht mit sich scherzen, ist nicht zum Lachen zu bewegen, weist vielmehr jede Bemühung unfreundlich ab und ist weinerlich aufgelegt. Auch die gewohnte Nahrung will ihm nicht mehr recht schmecken. Schon im Gesichte kann man lesen, daß etwas nicht in Ordnung ist; die Züge sind matter, die Farbe blasser oder (bei plötzlichem Fieber) röter.

Auf Stimmungswechsel und Aussehen des Säuglings ist größter Wert zu legen. Wer seine Schützlinge lieb hat und es mit der Pflege ernst nimmt, dem entgehen auch die leichtesten Veränderungen nicht, und daran erkennt man ganz besonders, ob eine Pflegerin wirklich ihren Beruf versteht oder ob sie nur mechanisch ihre Arbeit verrichtet.

Ein leichter Verfall des Kindes (Kollaps) oder eine geringe Trübung des Bewußtseins sind oft nur dann zu bemerken, wenn das Kind ruhig ist. So kommt die Pflegerin früher dazu, den Arzt auf diese äußerst wichtigen Symptome aufmerksam zu machen, als er selbst sie bemerkt, da das Kind durch die Untersuchung gewöhnlich erregt wird und lebhaft schreit. Der Beginn mancher Ernährungsstörungen verrät sich ferner dadurch, daß der Schlaf unruhig wird, mithin ist die nachtwachende Pflegerin oft die erste, die den Arzt auf eine beginnende Krankheit, die durch die genaueste Untersuchung nicht erkannt wird, aufmerksam machen kann.

Bis der Arzt kommt, sollen womöglich schon die Temperatur gemessen und Puls wie Atmung gezählt sein. Die Windel mit dem letzten Stuhl muß die Pflegerin aufheben, um ihn dem Arzt zeigen zu können.

Gegenwärtig wird die Unterweisung des Pflegepersonals in der aseptischen Pflege des Säuglings als eine der wichtigsten Forderungen betrachtet. Dies hat auch seine Berechtigung. Leider ergibt sich als Schattenseite dieses Prinzips, daß den Bakterien mehr Aufmerksamkeit gewidmet wird als den Kindern. Ein Fortschritt läßt sich nur anbahnen, wenn die Pflegerinnen in erster Linie auf die ernste Beobachtung des gesunden und kranken Säuglings Wert legen und lernen, was man aus der Beobachtung schon mit Hilfe der einfachen Überlegung für wichtige Schlüsse für den einzelnen Fall ableiten kann. So wird die Pflegerin auch in der Lage sein, frühzeitig die individuellen Eigentümlichkeiten eines Kindes zu erkennen und daraus die notwendigen Folgen bezüglich der Pflege und Ernährung zu ziehen.

Krankheiten des Neugeborenen.
Krankheiten als Folgen der Geburt.

Der Scheintod tritt häufig im Anschluß an langdauernde schwere Geburten ein.

a) Blauroter Scheintod (Asphyxie): Die Kinder sehen blaurot aus, machen ganz leichte, oberflächliche, seltene Atembewegungen, der Puls der Nabelschnur ist langsam und gut fühlbar. Auf Hautreize hin (siehe Seite 14) atmet das Kind wieder regelmäßig.

b) Bleicher Scheintod: Bei diesem schweren Grad des Scheintodes sehen die Kinder leichenblaß aus. Keine Atmung, kein Puls der Nabelschnur, schlaffe Glieder, herabhängender Unterkiefer. Leichte Hautreize sind ohne Erfolg. Starke Reize, künstliche Atmung (S. 14) werden das Kind wieder zum Atmen bringen.

Geburtsverletzungen:

Durch die bei der Geburt angewandten Instrumente (Zange u. a.), wie auch durch die Geburtsvorgänge selbst können Verletzungen hervorgerufen werden, die die Pflegerin kennen muß, um rechtzeitig einen Arzt zu benachrichtigen, der sie über die Art der Verletzung aufklären und die notwendigen Anordnungen geben wird.

Hautabschürfungen, Verletzungen der Haut, Druckmarken durch die Zange werden von der Pflegerin nach den gelernten Regeln verbunden.

Lähmungen: Die „Entbindungslähmung" wird gleich nach der Geburt durch die Unbeweglichkeit des erkrankten Oberarms, sowie durch das schlaffe Herabhängen des ganzen Armes auffallen, während der gesunde Arm, der eine straffe Muskulatur besitzt, bewegt wird.

Knochenbrüche: Brüche des Ober- oder Unterarms, des Schlüsselbeins, des Oberschenkels entstehen meist nur, wenn eine schwierige Geburt einen operativen Eingriff notwendig macht. Sie werden bei einem Bruch Unbeweglichkeit des Armes oder Beines bemerken und bei Umfassen desselben mit Daumen und Zeigefinger beider Hände die Beweglichkeit der Bruchenden feststellen können. Sie müssen in jedem Fall der Unbeweglichkeit eines Armes oder Beines sofort einen Arzt benachrichtigen.

Geburtsgeschwulst: Bei längerdauernden Geburten bildet sich auf dem vorliegenden Kindesteil die sogenannte Geburtsgeschwulst.

Bei Kopflagen nennt man diese Kopfgeschwulst und Kopfblutgeschwulst, bei Steiß- und Fußlagen Steißfußgeschwulst.

Kopfgeschwulst ist eine auf dem vorliegenden Schädelknochen gebildete Anschwellung der Kopfhaut, die sich weich, fast teigig anfühlt und deren Oberfläche bläulich verfärbt ist. Sie ist ungefährlich und verschwindet nach 1—2 Tagen.

Kopfblutgeschwulst ist eine Blutansammlung zwischen Knochen und Knochenhaut, die oft erst nach Aufsaugung der Kopfgeschwulst einige Tage nach der Geburt sichtbar wird. Sie fühlt sich ebenfalls weich an, überschreitet niemals Nähte oder Fontanellen und dauert viel länger als die Kopfgeschwulst, oft mehrere Monate. Auch sie ist meist nicht gefährlich, doch ist ärztliche Überwachung nötig, da diese Geschwulst vereitern kann und dann ein schneller Eingriff erforderlich wird. Bis zum Eintreffen des Arztes hat die Pflegerin mit einem Watteverband die Geschwulst vor Stoß und Reibung zu schützen.

Steißfußgeschwulst. Auf der bei der Entbindung vorliegenden Hüfte, dem vorliegenden Schenkel oder dem Steiß hat sich eine oftmals sehr große Geschwulst von tief blau-schwarzer Färbung entwickelt, welche auch auf die Geschlechtsteile des Kindes übergehen kann.

Erkrankungen der Nabelschnur und Nabelwunde.

Die eitrigen Wundinfektionen werden durch Eitererreger[1] hervorgerufen und sind durch Unsauberkeit, z. B. unreine Hände oder schmutzige Wäsche, verschuldet. In jedem Falle ist für schleunigste ärztliche Hilfe zu sorgen und bis zu ihrem Eintreffen unter strengster Einhaltung der Anti- und Asepsis zu handeln. Die Infektion kann leicht weiter in das Körperinnere fortschreiten, Bauchfellentzündung, allgemeine Blutvergiftung (Sepsis) und dann den Tod des Kindes hervorrufen. Auch die Wöchnerin ist durch die so gefährliche Sepsis in Gefahr, zu erkranken.

Fäulnis der Nabelschnur (feuchter Brand). Statt der in wenigen Tagen erfolgenden Eintrocknung bleibt der Nabelschnurrest weich, wird feucht, mißfarben, strömt üblen Geruch aus und sondert eine bräunliche den umhüllenden Verband durchtränkende Flüssigkeit ab. Leichte Fiebersteigerungen können vorhanden sein. Bis zum

---

[1] In der Hauptsache sind es Kugelbakterien, Kokken, die die eitrige Wundinfektion hervorbringen. Der Eiter besteht aus weißen Blutkörperchen, den Leukozyten, die zu den entzündeten Stellen hinwandern.

Eintreffen des Arztes hat die Pflegerin einen trockenen, mit Wundpulver (Dermatol) versehenen Verband anzulegen.

Nabelentzündung. Die Nabelwunde, die normalerweise im Laufe der dritten Woche überhäutet sein soll, zeigt deutlich Rötung, Schwellung und unter geschwürigem Zerfall des Grundes eitrige Absonderung. Nahrungsverweigerung, Fieber, Durchfälle werden oftmals gleichzeitig beobachtet. Manchmal bildet sich auf dem Grunde der Nabelwunde unter Eiterabsonderung eine höckerige, aus Fleischwärzchen bestehende, einer kleinen Erdbeere ähnliche Wucherung, ein sogenanntes Nabelgranulom. Es handelt sich um eine harmlose Neubildung, die der Arzt durch Abbinden oder Ätzen beseitigt. Bei Eindringen der Eitermenge in die weitere Umgebung und in das Unterhautzellgewebe kann es zu Wundrose (Erysipel) und Zellgewebsentzündung (Phlegmone) kommen. Das Allgemeinbefinden ist dann schwer gestört, es kommt zum Verfall des Kindes.

Wundrose. Die glänzende Rötung setzt sich mit scharfen, gezackten Rändern und einer teigigen Schwellung gegen die Umgebung ab. Da die Wundrose besonders ansteckend ist, muß das davon befallene Kind sofort abgesondert und sowohl von der Mutter als von den anderen Kindern getrennt in einem besonderen Zimmer untergebracht werden.

Zellgewebsentzündung. Starke unregelmäßige Rötung und Schwellung mit fühlbarer Erweichung (Eiterbildung) in dem Zellgewebe unter der Haut.

Bis zum Eintreffen des Arztes wird die Pflegerin einen Verband mit verdünnter essigsaurer Tonerde (einen halben Eßlöffel auf ein Wasserglas Wasser) oder mit 90% Alkohol (mit wasserdichtem Stoff als Zwischenlage) anlegen.

Außer diesen durch Kugelbakterien hervorgerufenen eitrigen Erkrankungen des Nabelschnurrestes oder der Nabelwunde ist die Wundinfektion durch Stäbchenbakterien (Bazillus), den Wundstarrkrampfbazillus, der **Wundstarrkrampf (Tetanus)** für das Leben des Neugeborenen von ernstester Bedeutung.

Der Bazillus kommt meist in der Erde und im Kehricht des Zimmers vor und kann wie die Eitererreger durch unsaubere Instrumente, Hände, Verbandsstoffe, Wäsche, z. B. das Badetuch, übertragen werden. Da es von der allergrößten Bedeutung ist, daß die Krankheit in dem allerersten Anfang in ärztliche Behandlung kommt, muß die Pflegerin über die ersten Anzeichen und den Verlauf der Erkrankung unterrichtet sein.

Der kranke Säugling und seine Pflege.

In der Regel zeigt sich zwischen dem 5. und 10. Tage nach der Geburt, daß das Kind nur mit großen Schwierigkeiten schlucken und den Mund öffnen kann. Bald stellt sich ein vollständiger steifer Krampf der Kiefermuskulatur ein, sodaß die Ernährung beinahe unmöglich wird. Die anfallsweise mit Zuckungen im Gesichte auftretenden Krämpfe breiten sich bald über die Gesichts- und Körpermuskulatur aus. Das Gesicht bekommt einen eigenartig grimmig lächelnden Ausdruck, die Körpermuskulatur wird hart wie Holz, der Körper liegt bei vollkommen hohlem Kreuz nur mit Hinterkopf und Fersen auf dem Lager auf.

Das erkrankte Kind ist sofort abzusondern und womöglich in einem besonderen ruhig gelegenen Zimmer allein unterzubringen. Jede Erschütterung ist zu vermeiden, da sie einen Krampf auslösen kann. Die Heilungsaussichten sind sehr ungünstig. Der Arzt ist bei den ersten Anzeichen der Erkrankung zu rufen.

Ansteckende Krankheiten.

Die eitrige Augenentzündung (Blennorrhöe) entsteht meist bei der Geburt durch Eindringen von besonderen sich im Schleimfluß der inneren Geschlechtsteile der Mutter aufhaltenden Bakterien (Gonokokken) in die Augen des Kindes. Weniger häufig erfolgt die Ansteckung nach der Geburt durch den Wochenfluß der an Tripper (Gonorrhoe) erkrankten Frau.

Die Gefahr der Übertragung des Trippereiters durch damit behaftete Finger, Handtücher, Bettwäsche, Badewasser, Schwamm auf gesunde Augen der Umgebung des Kindes ist außerordentlich groß.

Über die Verhütung der Krankheit durch die so segensreiche Einträufelung einer Höllensteinlösung in die Augen des Kindes nach der Geburt s. S. 13.

Die Krankheit bricht meist am 2. bis 4. Lebenstage aus. Anfangs bemerkt man nur leichte Schwellung und Rötung der Lider, die mit etwas Schleim verklebt sind. Schon am nächsten Tage quillt aus den geöffneten Lidern eine fleischwasserfarbene flockige Flüssigkeit hervor. In kurzer Zeit werden die Augen und ihre Umgebung immer dicker, die Flüssigkeit rahmiger, dicklicher, grüngelber Eiter. Oft erkranken beide Augen. Der Eiter kann durch Geschwürsbildung die Hornhaut zerstören, das Kammerwasser läuft aus, die Linse fällt vor, und so wird die fürchterlichste Folge der Erkrankung, totale Blindheit, herbeigeführt.

Ein ziemlich hoher Prozentsatz der Erblindeten hat sein Augenlicht durch den Augentripper eingebüßt.

Bei dem geringsten Verdacht, bei der ersten Spur einer Rötung ist sofort ohne jeden Zeitverlust der Arzt zu benachrichtigen.

Wir beschwören Sie als Pflegerin genau nach den ärztlichen Anordnungen zu verfahren. Wenn Ihnen beispielsweise gesagt wird, daß alle 5 Minuten zu erneuernde Eiswasserkompressen aufzulegen sind, daß alle Viertelstunden der Eiter weggespült werden muß, jedoch nicht nach der Seite des anderen Auges hin, so nehmen Sie die Uhr zur Hand und bleiben Sie den ganzen Tag am Bette; Sie haben weiter nichts zu tun. Des nachts wird Sie eine andere Pflegerin ablösen und die Behandlung fortsetzen. Achten Sie genau darauf, daß auch wirklich der Eiter **unter den Lidern** entfernt wird. Das Kind ist stets auf die Seite des kranken Auges zu legen, damit nichts in das gesunde läuft. Größte Sorgfalt, strengste Händedesinfektion ist erforderlich, damit Sie sich nicht selbst anstecken und von derselben Krankheit befallen werden. Auch die Mutter ist auf die Gefahr der Übertragung auf ihre eigenen Augen aufmerksam zu machen. **Lassen Sie sich keine Mühe verdrießen; es handelt sich um Köstlicheres als das Leben, um das Augenlicht.**

Schälblasen (Pemphigus). In den ersten 8 Tagen nach der Geburt entstehen an den verschiedensten Körperstellen linsen- bis zehnpfennigstückgroße manchmal bis kleinhandtellergroße zusammenfließende runde oder unregelmäßig geformte Blasen mit zuerst klarem, dann leicht getrübtem, schließlich eiterähnlichem Inhalt. Die Kinder haben dann oft ein Aussehen, als ob sie verbrüht sind. Handteller und Fußsohlen bleiben im Gegensatz zum Blasenausschlag bei der Erbsyphilis frei. Wenn nach einiger Zeit die Blasen platzen, so bleibt eine von der Hornschicht der Oberhaut entblößte rote nässende Fläche zurück. Fieber ist in den leichten Fällen meist nicht vorhanden.

Sie müssen wissen, daß Schälblasen sehr leicht von einem Kinde auf das andere übertragen werden.

Im allgemeinen wird die Erkrankung unter der vom Arzt verschriebenen Behandlung (medikamentöse Bäder), in einigen Wochen abheilen, sie kann aber auch bösartig werden und tödlich endigen.

Sie müssen die erkrankten Kinder besonders sauber halten, damit Sie die Infektionen an den durch die Blasenbildung wundgewordenen Stellen verhüten. Baden Sie die Kinder nur nach Einholen ärztlichen Rates.

Angeborene Syphilis (Lues hereditaria) ist die vom Vater oder der Mutter ererbte Syphilis. Durch korkenzieherartige Lebewesen, die Spirochäten, hervorgerufen, ist die Erkrankung sehr ansteckend, doch wird sie nicht durch die Luft, sondern nur durch Berührung mit dem Erkrankten oder dessen Gebrauchsgegenständen übertragen; Sie dürfen ein solches Kind niemals, um nicht selbst angesteckt zu werden, mit Wunden oder aufgesprungenen Händen berühren. Sie werden besser dann von einer derartigen Pflege abgelöst. Die an Erbsyphilis erkrankten Kinder können auf dem gleichen Saal mit den anderen bleiben, aber Sie, die Pflegerinnen, die mit ihrer Wartung betraut sind, müssen sich gerade deswegen besonderer Aufmerksamkeit und Gewissenhaftigkeit befleißigen. Besonders sorgfältige Händedesinfektion! Alles was für das Kind gebraucht wird, bleibt am Bett, der Arzt- und Pflegerinnenmantel, sowie die übrigen durch ein Zeichen kenntlich gemachten Gebrauchsgegenstände, die zur Ernährung (Gummisauger!), Reinigung, Kleidung, Pflege (Thermometer!) dienen.

Die rechtzeitige Erkennung der Krankheitszeichen und sofortige Mitteilung an den Arzt sind für die Heilungsaussichten von größter Bedeutung. Oft werden syphilitische Kinder zu früh geboren; in den ersten Tagen und Wochen nach der Geburt an Armen und Beinen und zwar besonders an Handtellern und Fußsohlen auftretende Hautausschläge der verschiedensten Formen (Bläschen [siehe Schälblasen], Flecken, Schuppen, Papeln), Entzündungen an den Nagelbetten, tiefe Einrisse an den Lippen, eine schmutzige milchkaffeeartige Verfärbung der Haut und oftmals auch Geschwüre am After erwecken den Verdacht auf das Vorliegen einer Syphilis. Achten Sie besonders auf einen in den ersten Wochen auftretenden Schnupfen, der manchmal blutig-eitrig ist. (Siehe auch Diphtherie Seite 62.) Von der Geburt an bestehendes „Schniesen" (das durch das Streichen der Luft durch die infolge der Schleimhautschwellung und Borkenbildung verengte Nase hervorgerufene charakteristische Geräusch) legt häufig als einziges Zeichen den Gedanken an Syphilis nahe.

Sie dürfen von ihrem Verdacht nur dem Arzte Mitteilung machen, sich aber sonst zu niemand anderem, auch nicht zu den Eltern äußern. Die syphilitischen Kinder sollten nicht der Gefahr der unnatürlichen Ernährung ausgesetzt, sondern unter allen Umständen von der eigenen Mutter gestillt werden.

Sie dürfen niemals ohne ärztliche Erlaubnis wegen der erwähnten **großen Gefahr der Ansteckung** ein erbsyphilitisches Kind in fremde

Pflege geben. Im Verlauf der vom Arzt eingeleiteten Behandlung bei Anwendung von Quecksilber müssen Sie bei älteren Säuglingen, die schon Zähne haben, auf Mund- und Zahnpflege achten, da das Zahnfleisch sich sonst sehr leicht entzündet.

Blutungen.

Von den beim Neugeborenen vorkommenden Blutungen ist die **Blutung aus dem Nabelschnurrest** wegen der großen Gefahr der Verblutung von höchster Bedeutung.

Nabelblutungen. Wenn die Nabelschnur schlecht unterbunden ist, kann es aus den Adern des erschlafften Nabelschnurrestes nach außen bluten. Man findet dann das Kind nach einiger Zeit in sehr geschwächtem Zustand im Blute schwimmend, ja zuweilen schon tot. Die Hebamme ist zwar für solch ein Vorkommnis verantwortlich, die Pflegerin muß aber Kenntnis davon haben, um ein Unglück zu verhüten. Sie hat sofort den Arzt zu benachrichtigen und bis zu seinem Eintreffen den Nabelschnurrest noch einmal sorgfältig durch einen Knoten zu unterbinden.

Aber auch von den sonst vorkommenden Blutungen, aus dem Darm, der Scheide, der Nase, muß die Pflegerin Kenntnis haben, um rechtzeitig Hilfe und Rat des Arztes einzuholen.

Sie wird manchmal bemerken, daß das Neugeborene nach Entleerung des Mekoniums, nicht gelben, sondern aus schwarzen dünnen Massen bestehenden Stuhl hat und gleichzeitig auch schwarze Massen erbricht. Der unverzüglich hinzuzuziehende Arzt wird die Pflegerin aufklären, ob es sich um eine gefährliche **Blutung des Magendarmkanals** handelt, oder ob die schwarzen Massen aus verschlucktem Blut bestehen, das der Säugling mit der Milch aus einer Wunde der Brustwarze getrunken hat. Bei **Blutungen aus der Scheide und der Nase**, bei denen meist helles Blut entleert wird, ist ebenfalls sofort ärztlicher Rat einzuholen.

Mißbildungen.

Mißbildungen sind vor der Geburt durch Wachstumsfehler entstandene Entwicklungsstörungen des Neugeborenen. Die Pflegerin muß das ihr anvertraute Kind genau ansehen und jegliche Abweichung von der Norm unverzüglich dem Arzte melden. Am häufigsten und von besonderer Bedeutung für die Ernährung sind **Hasenscharte und der Wolfsrachen**.

Der kranke Säugling und seine Pflege.

Hasenscharte ist eine einseitige oder beiderseitige Spaltung der Oberlippe rechts oder links von dem Oberlippengrübchen.

Wolfsrachen ist eine Spaltung der Oberlippe links oder rechts von dem Oberlippengrübchen, die bis in den harten bzw. weichen Gaumen hineingeht.

Beide Mißbildungen, besonders die letzte, können erhebliche Saughindernisse bilden. Sie werden oft mit Löffel oder Pipette füttern müssen und jedenfalls unverzüglich ärztlichen Rat einholen.

Sie werden auch angeborene Verunstaltungen des Gehirns mit Formveränderungen des äußeren Schädels beobachten, den **Wasserkopf** mit starker Vergrößerung, bei dem sich innerhalb des Gehirns eine große Menge Wasser angesammelt hat, den **Kleinschädel** mit erheblicher Verkleinerung. Die Intelligenz der betroffenen Kinder ist von vornherein gestört.

Sie werden ferner beobachten können, wie die geistig minderwertigen Kinder, wie schon erwähnt, oft nur mit den allergrößten Schwierigkeiten zum Saugen zu bewegen sind.

Seltenere Mißbildungen z. B. sind Afterverschluß, Harnröhrenverschluß, Verunstaltungen der Hände, Füße, der Geschlechtsteile, der Wirbelsäule, des Nabelschnurrestes.

Anhang.

Gelbsucht (Ikterus) der Neugeborenen (siehe Seite 11) und **Schwellung der Brustdrüsen** (siehe Seite 11) sind harmlose Vorgänge, wenn das Kind sonst in seinen Verrichtungen nicht gestört ist. Dauert die Gelbsucht über die 3. Woche an, trinkt das Kind unter gleichzeitiger Unruhe oder großer Schlafsucht schlecht, wird der Stuhlgang regelwidrig, ist sofort ein Arzt zu befragen.

Bei der vielfach einige Zeit nach der Geburt auftretenden Schwellung der Brustdrüsen (siehe Seite 11) wird oftmals eine milchähnliche Flüssigkeit (Hexenmilch, Colostrum) tropfenweise entleert. Der Vorgang ist stets harmloser Natur; die Schwellung geht nach einigen Wochen selbst zurück. Ein Watteschutzverband ist ganz ratsam. Eine eitrige Entzündung entsteht nur dann, wenn verbotener Weise die Brüste ausgedrückt werden. Bei der Entzündung ist sofort ärztlicher Rat einzuholen. Bis zu seinem Eintreffen sind alle 3 Stunden zu wechselnde Umschläge mit essigsaurer Tonerde (siehe Seite 54) zu machen.

Krankheiten des Säuglings.

Verdauungskrankheiten und Ernährungsstörungen. Die häufigsten Krankheiten des ersten Lebensjahres, durch welche besonders die hohe Todesziffer bedingt ist, sind die **Verdauungskrankheiten**, oder die **Ernährungsstörungen**, unter die der gefürchtete „Brechdurchfall" gehört. Manche beginnen schleichend, hemmen das Gedeihen und führen oft zu schwersten Graden der Abmagerung, andere plötzlich und können in kurzer Zeit zum Ende führen. Außer dem schon besprochenen Stimmungswechsel bemerken Sie alsbald Schlafferwerden der Haut, Auftreibung des Leibes, Aufstoßen, Erbrechen, häufige und dünne Stühle und Temperatursteigerungen. Oft sehen Sie auf der Schleimhaut des Mundes (Zunge und Wangenschleimhaut) weißliche Auflagerungen, die aus ganz dicht verfilzten Pilzfäden bestehen, dem Soor (Schwämmchen). Soor ist fast immer ein Zeichen, daß eine Verdauungskrankheit besteht.

Sind eines oder mehrere der genannten Symptome vorhanden, ist schleuniges ärztliches Eingreifen geboten, um das Unheil im Entstehen zu unterdrücken. Denn in kürzester Zeit können sich die schwersten Erscheinungen anschließen: das Fieber steigt, häufiges Erbrechen erfolgt, die Stühle werden zahlreicher, dünner, wässriger, manchmal spritzend, schaumig, Hände und Füße, ebenso die Nase erkalten, die Augen versinken tief in ihre Höhlen, Wangen und Lippen verfärben sich blau, völlige Teilnahmlosigkeit und zeitweise Krämpfe machen das Bild zu einem höchst beängstigenden und bald kann dann das kurze Erdenleben für immer beendet sein.

Doch geben Sie die Hoffnung nie auf; es kann immer noch wieder besser werden; Verdauungsstörungen sind keine unheilbaren Krankheiten.

Was tun Sie, bis der Arzt kommt? Im Krankenhause, wo immer ein Arzt zu erreichen ist, fragen Sie ihn bei den ersten Anzeichen, ob die bisherige oder eine andere Nahrung zu geben und was sonst zu tun ist. Können Sie einen Arzt nicht erreichen, so setzen Sie bei Durchfall sofort die Milch aus und geben bis auf weiteres, aber möglichst nicht länger als 24 Stunden, nur mit Saccharin gesüßten, dünnen schwarzen (oder Fenchel-) Tee oder abgekochtes Wasser in beliebiger Menge. (1 Tablette Saccharin zu 0,05 auf 200 ccm Flüssigkeit.) Betrachten Sie die Stühle genau und merken

Der kranke Säugling und seine Pflege.

Sie sich, ob sie wässrig, schleimig, blutig sind, ob sie sehr häufig auftreten, ob das Kind dabei Schmerzen hat, indem es die Beinchen krampfhaft anzieht, damit Sie über alles Auskunft geben können. Vom Erbrechen sollen Sie notieren, ob es direkt nach der Nahrungsaufnahme erfolgt bzw. wie lange nachher, ferner wie das Erbrochene aussieht. Wenn das Kind jede Flüssigkeitsaufnahme verweigert, so werden Sie gut tun, ihm bis zur Ankunft des Arztes nach Verabfolgung eines einmaligen Reinigungseinlaufes einen solchen mit physiologischer Kochsalzlösung (7,5 g Kochsalz in ein Liter Wasser gelöst) zu geben. Sie lassen dabei am besten kleine Mengen bis zu 100—150 ccm langsam, manchmal tropfenweise einlaufen (siehe Seite 85). Sollten Sie nach 24 Stunden einen Arzt nicht erreicht haben, so geben Sie neben dem Tee oder Wasser entweder kleine Mengen Brustmilch[1]), 8—10 mal in 24 Stunden 5—10 ccm, oder beim Fehlen von Brustmilch ganz kleine Mengen saccharingesüßter Milchmischung (8—10 mal in 24 Stunden 5—10 ccm einer $1/3$ Milch). So können Sie sich bis zur Ankunft des Arztes durchhelfen.

Vielfach wird als erste Nahrung nach dem Tee dem darmkranken Säugling eine Mehlabkochung verordnet. Dabei wird häufig vergessen, den Arzt zu fragen, wie lange diese fortzusetzen, bzw. wann wieder Milch zuzugeben ist. Meistens bekommen dann die Kinder **zu ihrem großen Schaden** viel zu lange diese ausschließliche Mehldiät. **Behüten Sie die Ihnen anvertrauten Säuglinge vor ausschließlicher Ernährung mit einem Mehl oder Kindermehl ohne Milch. Trauen Sie nicht den falschen Anpreisungen in Zeitungen oder auf den Gebrauchsanweisungen!**

Die Verstopfung. Daß bei schwerem Stuhlgang für leichtere Entleerung durch Klistiere oder abführende Medizin zu sorgen sei, erscheint Ihnen vielleicht ganz klar, da der beabsichtigte Erfolg so zu erreichen ist. Jede Verstopfung hat jedoch eine Ursache, und diese muß beseitigt werden. Manchmal ist falsche Ernährung daran schuld, z. B. zu lange einseitige Ernährung mit Milch. Richtigstellung dieser kann die Verstopfung beheben. Kommen Sie auf diese Weise nicht zum Ziel, müssen Sie ärztliche Hilfe in Anspruch nehmen.

---

[1]) Anmerkung: Frauenmilch kann von einer gesunden Stillenden abgepritzt werden (siehe Seite 35).

Unter den ansteckenden Krankheiten, den Infektionskrankheiten, spielen im Säuglingsalter besonders **Diphtherie** und **Keuchhusten** eine große Rolle, weniger **Masern** und **Scharlach**, die erst bei älteren Kindern häufiger auftreten.

Die Diphtherie hat beim Säugling eine besondere Verlaufsform. Während beim älteren Kind die Diphtherie gewöhnlich als Halsentzündung verläuft, bei der die Mandeln und Gaumenbögen mit einem dichten weißen Belag belegt sind, äußert sich die Diphtherie beim Säugling oft in nichts anderem als in einem blutig-eitrigen Schnupfen; bei dessen Vorhandensein muß die Pflegerin stets an Diphtherie denken und ärztliche Hilfe in Anspruch nehmen. Es kommt jedoch auch, wie beim älteren Kinde, häufig zu einer Erkrankung des Rachens, des Kehlkopfs und der Luftröhre, zur Membranbildung auf der Schleimhaut dieser Organe, zu Erstickungsanfällen und schwerer Allgemeinvergiftung. In Stunden kann das Kind zugrunde gehen. Gegen diese Erkrankung besitzen wir im Diphtherie-Heilserum ein Mittel, das häufig den schlimmen Ausgang abwendet. Wir müssen deshalb bei dem geringsten Verdacht auf Diphtherie das Kind sofort ärztlicher Untersuchung und Hilfe zuführen. Jeder Schnupfen und jede Halsentzündung gelten für eine Pflegerin als diphtherieverdächtig. Manchmal siedeln sich auch auf anderen wunden Stellen, z. B. auf der entzündeten Augenschleimhaut, auf Hautgeschwüren Diphtheriebazillen an und führen zur diphtherischen Erkrankung. Auch daran muß bei einem nicht heilenden Geschwür gedacht werden. Diphtherie wird auch von Menschen übertragen, die nicht selbst an Diphtherie erkrankt sind, sondern Diphtheriebazillen in der Schleimhaut des Mundes oder der Nase beherbergen. Bricht deshalb bei einem Kinde Diphtherie aus, müssen wir immer daran denken, daß in der Umgebung des Kindes ein Bazillenträger ist und eine diesbezügliche Untersuchung durch den Arzt ermöglichen.

Die Masern beginnen mit einem gewöhnlichen Katarrh der Luftwege und leichter Entzündung der Augen. In jedem solchen Falle muß die Pflegerin mit der Möglichkeit des Ausbruchs von Masern rechnen. Die Diagnose wird oft erst durch den Ausschlag klar. Da Masern für abgemagerte und in ihrem Allgemeinbefinden geschädigte Säuglinge, insbesondere solche mit englischer Krankheit, eine große Gefahr darstellen, erscheint die Isolierung jedes masernverdächtigen Kindes geboten.

Der Scharlach gehört im Säuglingsalter zu den selteneren Erkrankungen. Die Pflegerin bemerkt bei der Besichtigung des fiebernden

Kindes einen Ausschlag der Haut, der sie veranlaßt, den Arzt zu rufen und bis zu dessen Eintreffen das Kind zu isolieren. Stets besteht eine mehr oder minder schwere Halsentzündung.

Der Keuchhusten, eine für den Säugling sehr gefährliche Erkrankung, beginnt gewöhnlich mit einem harmlos erscheinenden Luftröhren- oder Kehlkopfkatarrh, der sich in nichts anderem als in Husten äußert. Erst allmählich entwickelt sich aus diesem Husten der typische Stickhusten, den wir an den krampfartig auftretenden Hustenanfällen diagnostizieren. Sie werden meist am Schluß des Anfalls, nach Beendigung des Kehlkopfkrampfes ein durch Einziehen der Luft in den Kehlkopf bedingtes eigentümliches Geräusch, das „Ziehen", hören, das den Keuchhusten charakterisiert. Dieser bildet für Säuglinge eine sehr ernste Gefahr, und Sie werden, wie bei den anderen Infektionskrankheiten, beim geringsten Verdacht ärztlichen Rat einholen und bis zum Eintreffen des Arztes durch strenge Absonderung die Ansteckung anderer Kinder verhindern. Für den Arzt sind genau Anzahl und Dauer der Hustenanfälle zu notieren.

Windpocken und Impfung. Jedes Kind muß nach dem Reichsimpfgesetz vor dem Ablauf des nach seinem Geburtsjahr folgenden Kalenderjahrs geimpft werden. Es wird dadurch vor einer Erkrankung an Pocken im späteren Alter geschützt. Der Arzt, der die Impfung vornimmt, wird Sie in der Hauptsache darüber unterrichten, wie Sie das Kind beim Ausbruch und während des Bestehens der Impfpusteln zu behandeln haben. Zur Verhinderung des Kratzens der Impfstelle und Übertragung der Pusteln auf den übrigen Körper werden Sie dem Kinde möglichst Manschetten anlegen. (Siehe Seite 84.) Sie müssen dem vielfach herrschenden Aberglauben, daß durch die Impfung dem Kinde geschadet werden könnte, begegnen und stets betonen, daß die gesetzliche Einführung der Impfung eine der segensreichsten Einrichtungen ist, durch welche die Kinder vor einer der furchtbarsten Erkrankungen, den schwarzen Pocken, geschützt bleiben. Die Windpocken sind im Gegensatz zu den schwarzen Pocken eine leichte Infektionskrankheit; der Arzt wird Sie über die notwendigen Maßnahmen unterrichten. Achten Sie wiederum darauf, daß das Kind sich nicht kratzt.

Schnupfen. Der Schnupfen ist für die Säuglinge keine harmlose Erkrankung. Er ist sehr ansteckend, so daß es auf einer Säuglingsabteilung kaum vermieden werden kann, daß sich ein Kind vom andern ansteckt. Alle Personen mit Schnupfen sollten von der Berührung der Säuglinge ausgeschlossen und jeder Säugling mit Schnupfen sollte vollständig abgesondert werden. Elende Kinder, die in ihrem Ernährungszustand stark heruntergekommen sind, können am Schnupfen und seinen Folgen sterben. Bei dieser Erkrankung müssen Sie auch an Syphilis oder Diphtherie denken und dementsprechend handeln. (Siehe Seite 57 und 62.) Sehr leicht kommt es durch einen Schnupfen zu einer Ohrenerkrankung.

Halsentzündung. Sehen Sie bei jeder fieberhaften Störung dem erkrankten Kinde in den Hals (s. S. 82), denn das junge Kind kann den Ort der Schmerzen nicht angeben. Wenn Sie dann etwas Krankhaftes — Rötung oder sogar Belag — irgend einer Form sehen, ziehen Sie sofort den Arzt zu, da Sie selbst kaum mit Sicherheit wissen können, ob es sich nicht um den Beginn von Masern oder Scharlach oder um Diphtherie handelt. Bis zum Eintreffen des Arztes machen Sie feuchtwarme Umschläge. (Siehe Seite 89.)

Ohrenerkrankungen. Die im Säuglingsalter so häufigen Entzündungen des Gehörorganes können zu tödlichen Hirnerkrankungen führen und die Ursache für die spätere Schwerhörigkeit abgeben. Große Unruhe des Kindes infolge der Schmerzen, Hin- und Herwerfen des Kopfes, Zusammenzucken bei Druck auf den äußeren Gehörgang, Nahrungsverweigerung, hohes Fieber sind die Anzeichen der **Mittelohrenentzündung**; eitriger Ausfluß aus den Ohren — Ohrenlaufen — wird sich dann nach einigen Tagen zeigen und besonders an auf dem Kopfkissen der Kinder vorhandenen gelblichen Flecken kenntlich sein. Jeder Ohrenausfluß erfordert dauernde ärztliche Behandlung. Es ist dringende Pflicht, die Erkrankung von Anfang an sachgemäß behandeln zu lassen.

Die bei Ohrenausfluß verordneten Spülungen oder heißen Umschläge sind nach Anordnung des Arztes gewissenhaft auszuführen.

Da jeder Schnupfen, Katarrh des Rachens, jede Halsentzündung sich leicht durch die im Nasenrachenraum endigende Ohrtrompete fortsetzen und dort Veranlassung zur Mittelohrentzündung geben, ist große Vorsicht bei diesen Erkrankungen geboten.

Das von der früheren Wildheit der Menschenrasse herrührende, noch bisweilen übliche, sinnlose **Durchstechen des Ohrläppchens** führt oft zu Entzündung und Ausschlägen und sollte folglich unterbleiben.

Bei **Erkrankungen der Lungen**, Lungenentzündung, Luftröhrenkatarrh, fällt besonders auf, daß die Kinder schlecht Luft bekommen können; sie atmen meist schnell, hörbar — die Zahl der Atem-

Der kranke Säugling und seine Pflege.

züge kann 60—80 in der Minute betragen —, husten kurz auf und stöhnen viel, ohne anhaltend zu schreien und sind sehr unruhig, besonders bei hohem Fieber. Die Nasenflügel gehen oft auf und nieder, es bestehen Einziehungen an den Rippen, besonders an den Rippenbögen, in der Magen- und Kehlkopfgrube. Während normalerweise auf je drei Pulsschläge ein Atemzug kommt, ist dieses Verhältnis durch eine Lungenentzündung verändert. Es kommt schon auf weniger als drei Pulsschläge je ein Atemzug.

Die Pflege erfordert besondere Sorgfalt. Das Trinken ist oft sehr erschwert, da wegen der großen Atemnot nach jedem Schluck erst wieder Atem geschöpft werden muß. Denken Sie also nicht gleich, das Kind sei schon gesättigt, wenn es den Sauger losläßt, sondern ziehen Sie jedesmal, seinem Wunsch entsprechend, die Flasche aus dem Mund, warten Sie geduldig, bis es wieder Atem geholt hat, und versuchen Sie es dann noch einmal; so wird es genügend Nahrung erhalten und bei Kräften bleiben können.

Ferner ist ein **häufiger Lagewechsel** nötig, einmal damit die Entzündungsprodukte im Innern sich nicht an einer Stelle ansammeln, dann aber auch, um dem armen Wesen, das sich dem Erstickungstode nahe glaubt, durch häufiges Aufsetzen oder Tragen seine Qualen zu lindern. Lagern Sie es stets mit erhöhtem Oberkörper auf die erkrankte Seite. Ist die Temperatur sehr hoch, über 40°, und läßt der Arzt auf sich warten, so dürfen Sie auch eine kalte Packung machen. (Siehe Seite 90.)

Tuberkulose. Im ersten und zweiten Lebensjahre sterben doppelt so viel Menschen an tuberkulösen Leiden wie im Alter zwischen 15 und 30 Jahren. Die Tuberkulose wird durch ein Bakterium, den Tuberkelbazillus, hervorgerufen und führt zur Erkrankung der Drüsen und der Lunge. Der Tuberkelbazillus findet sich in den Speicheltröpfchen des tuberkulösen, schwindsüchtigen Menschen und wird bei dessen Sprechen und Husten verstreut. Trocknen diese Tröpfchen irgendwo ein, so bleibt der Tuberkelbazillus trotzdem lebensfähig und mischt sich dem Staub bei. Kommen die tuberkelbazillenhaltigen Speicheltröpfchen in Mund oder Nase des Kindes, oder bringt das Kind tuberkelbazillenhaltigen Staub in den Mund (Schmierinfektion, siehe Seite 25), so erkrankt es an Tuberkulose. Gewöhnlich erkranken die Drüsen im Brustraum. Husten, Fieber, Abmagerung können Zeichen der tuberkulösen Infektion sein. **Um das Kind vor**

Tuberkulose zu bewahren, müssen alle tuberkulösen Personen aus seiner Umgebung ferngehalten werden. Das Kind darf nicht geküßt werden, ist äußerst sauber zu halten (Reinhalten der Nägel) und soll keinen Staub vom Boden in den Mund bringen. Da auch die Milch Tuberkelbazillen enthalten und durch ihren Genuß das Kind erkranken könnte, muß man die Milch vor dem Trinken abkochen, wodurch die Tuberkelbazillen getötet werden.

Syphilis (Lues). Siehe Seite 57.

Für die **Wundinfektionskrankheiten, Wundrose, Wundstarrkrampf, Zellgewebsentzündung** (siehe Seite 54) ist der Säugling wie das Neugeborene bei unsauberer Pflege sehr empfänglich. Die besonders häufig bei ernährungsgestörten Kindern auftretende **Furunkulose** kann durch richtige Ernährung und saubere Pflege verhütet werden. Ärztlicher Rat ist beim ersten Anzeichen sofort einzuholen, die Heilung kann sehr schwer sein.

Das Wundsein (Intertrigo). Dieses rührt meist von der ätzenden Wirkung des Urins und des Stuhles her und findet sich am häufigsten bei Durchfällen. Ist die aufmerksame Pflegerin imstande, jede Beschmutzung, jedes Naßwerden sofort zu bemerken und das Kind keine Minute in der Nässe liegen zu lassen, so gibt es kein Wundsein, wenn nicht eine besondere Anlage vorliegt.

Wenn der Arzt bei Wundsein eine Paste verordnet, so dürfen Sie sich nicht damit begnügen, sie einige Male aufzustreichen; vielmehr soll andauernd, Tag und Nacht, eine dünne Schicht aufliegen. Bei jedem Trockenlegen ist also nachzusehen, daß auch stets alle Stellen mit der Paste bedeckt sind, und Fehlendes nachzutragen. Besonders Kinder mit Verdauungsstörungen werden leicht wund. Erst wenn diese behoben sind, heilt auch das Wundsein.

Englische Krankheit (Rachitis). Die Rachitis ist eine Allgemeinstörung, die sich besonders im zweiten Lebenshalbjahr durch Knochenerkrankung kenntlich macht: dicke Gelenke (besonders Hand- und Fußgelenke), Knoten an den Rippen an dem Übergang des knorpligen in den knöchernen Teil (Rosenkranz), weiche Stellen am Hinterkopf, die sog. Kraniotabes. Da das Weichwerden des Hinterkopfes, oft verbunden mit dessen starkem Schwitzen, eines der ersten Zeichen der englischen Krankheit ist, müssen Sie darauf besonders

Der kranke Säugling und seine Pflege.

achten, damit ein Stärkerwerden dieser durch rechtzeitiges Eingreifen des Arztes verhütet werden kann. Das Kind kann nicht zur rechten Zeit sitzen und stehen; die Zähne kommen zu spät und unregelmäßig; der Rücken ist krumm und die große Fontanelle mit einem Jahre noch sehr weit; oft bestehen starke Kopfschweiße. Durch nicht rechtzeitige Behandlung der sich verbiegenden Gliedmaßen und der krummen Wirbelsäule kann ein rachitisches Kind zum unheilbaren Krüppel werden.

Verursacht ist die Krankheit (abgesehen von erblicher Anlage) meist durch den Aufenthalt in dunkeln, schlecht gelüfteten Wohnräumen und durch falsche Ernährung (z. B. Überernährung mit Milch). Forschen Sie also nach, ob nicht zu viel Nahrung und ob auch gemischte Kost gegeben wurde. Es ist unbedingt erforderlich, die Ernährung richtig zu stellen. Die armen kleinen Rachitiker machen Anspruch auf Ihre besonders liebevolle Pflege; fassen Sie sie stets recht zart an, und vermeiden Sie jede hastige Bewegung. Die Kleinen haben oft Schmerzen in allen Gliedern und bekommen bei verbildetem Brustkorb leicht Atemnot. Die Lagerung sei eine möglichst ebene, damit die Wirbelsäule sich nicht ausbiegen kann.

Krämpfe. Im Kindesalter kommen Krämpfe sehr häufig vor, nicht nur bei Gehirn-, sondern auch bei Lungen-, Darm- und andern Krankheiten. Sie sind oft sehr beängstigend, und bisweilen kann der Tod während des Anfalls eintreten. Der Krampf beginnt an Stirn, Mundgegend, Augen oder an einer Extremität und breitet sich von da auf die anderen Gebiete des Körpers aus. Der kleine Körper wird durch kurze Stöße erschüttert, die Augen rollen hin und her, die Lider werden geöffnet und wieder geschlossen. So ein Krampf kann nur wenige Augenblicke, er kann aber auch viele Stunden dauern; nicht nur während des Anfalls, auch unmittelbar nachher pflegt das Bewußtsein für kürzere Zeit erloschen zu sein. Ebenso gefährlich wie der allgemeine Krampf und häufig mit plötzlichem Tode endigend ist der sogenannte Stimmritzen-Krampf, der Laryngospasmus. Er verläuft folgendermaßen: Gewöhnlich im Anschluß an einen Hustenstoß oder an einen Schrei bleibt plötzlich die Atmung weg, das Kind verdreht die Augen, streckt die Arme, und nachdem dieser Zustand eine bange Minute gedauert hat, hört man einen lauten krähenden Ton, den Ausdruck des Wiederbeginnens des Lufteintrittes in den Kehlkopf. Nach mehrmaliger Wiederholung wird dieses Geräusch allmählich schwächer, und endlich stellt sich regelmäßiges Atmen wieder her. Das Kind bleibt noch eine Zeitlang wie benommen, äußerst schwach und matt. Von den schwersten Formen kommen alle möglichen Übergänge zu den leichteren vor. Sie müssen, wenn Sie bei einem der Ihnen anvertrauten Säuglinge ein derartiges „Krähen" hören, den Arzt darauf aufmerksam machen, damit er gegen die Zufälle, die, wenn sie sich steigern, töblich endigen können, sofort einschreiten kann. Bei jedem Krampf ist schleunigste Hilfe geboten. Bis der Arzt kommt, entblößen Sie den kleinen Körper von allen Kleidungsstücken und legen kalte nasse Tücher auf den Kopf, geben eventuell ein warmes Bad von viertelstündiger Dauer.

Zeichnen Sie genauestens Art und Zahl der Krämpfe auf, damit der Arzt sich sofort ein Bild über den Krankheitszustand machen kann.

Tritt ein bedrohlicher Stimmritzenkrampf (Atemkrampf) ein, bleibt das Kind weg, dann spritzen Sie es an und schlagen es; ferner empfehlen wir Ihnen, den Zungengrund mit dem Finger niederzudrücken, sofort die künstliche Atmung einzuleiten, indem Sie abwechselnd die Arme über den Kopf erheben, dann wieder senken und an die Brust anpressen. Sobald das Kind wieder selbst zu atmen beginnt, müssen Sie mit allen aufregenden Manipulationen sofort aufhören. Bis zum Eintreffen des Arztes dürfen Sie dem Kinde nur Tee geben.

Abnorme Veranlagung (Konstitution). Jedes Kind bringt eine ganz bestimmte Veranlagung mit auf die Welt, von der der Ernährungserfolg mit abhängt. Als Pflegerinnen müssen Sie insbesondere Ihr Augenmerk darauf richten, ob nicht eine nervöse Veranlagung vorhanden ist bzw. eine andere, die als exsudative (entzündliche) bezeichnet wird. Solch anormale Kinder bedürfen einer viel sorgfältigeren Pflege und Überwachung als gesunde Säuglinge, und die Ernährung muß dem einzelnen Falle angepaßt werden. Denn der Verlauf der Erkrankung richtet sich nach der Art der Ernährung.

Das n e r v ö s e Kind erkennen Sie daran, daß es im Gegensatz zur behaglichen Ruhe des normalen Kindes eine große Schreckhaftigkeit, einen leicht zu unterbrechenden Schlaf und oft scheinbar unbegründete Unruhe aufweist. Tritt man ruhig an sein Bettchen, so zuckt es heftig, wie von einem Stich getroffen, zusammen, sobald das ungewohnte Bild in seinem Gesichtskreis erscheint, und gibt oft das damit verbundene Unlustgefühl durch Geschrei zu erkennen — während das gesunde Kind verwundert aufschaut und meist den angenehmen Eindruck des neuen Erlebnisses mit Lächeln beantwortet.

Das e x s u d a t i v e Kind zeigt eine Reihe von Symptomen, von denen wir Ihnen folgende nennen: Rötung, Sprödigkeit und Schuppung des Gesichts, besonders der Wangenhaut (Milchschorf), die sich bis zum schwersten nässenden Ekzem (Hautentzündung) steigern kann, der behaarten Kopfhaut (Gneis) (siehe Seite 84), Wundsein trotz aufmerksamster Pflege, oft wiederkehrenden Schnupfen, Entzündungen des Mittelohres, Drüsenschwellungen am Halse.

Sowohl das nervöse als auch das exsudative Kind müssen vor einer Überernährung mit Milch ganz besonders in acht genommen werden. Für seine Ernährung können sonst keine bestimmten Regeln gegeben werden. Die Aufzucht solcher Kinder muß sich stets unter Aufsicht des Arztes vollziehen.

Die Frühgeburt. Obwohl keine eigentliche Krankheit, gehört die Frühgeburt doch nicht ins Gebiet des Normalen; die Pflege ist der eines Schwerkranken gleichzustellen.

Ein „Frühgeborenes" ist ein Kind, das zwischen der 28. und 39. Schwangerschaftswoche geboren wird (in der 40. ist es „ausgetragen"). Es kann unter günstigen Umständen am Leben bleiben und zwar um so eher, je später es geboren wurde. Kinder unter 1500 g Anfangsgewicht sterben jedoch häufig trotz aller Mühe. Doch sind schon solche unter 1000, ja unter 800 g am Leben erhalten worden. Für Sie jedenfalls ist es nicht nur Pflicht, sondern Ehrensache, jedem menschlichen Wesen, das Lebenszeichen von sich gibt, Ihre ganze Kraft zu widmen. Ist Ihre Mühe mit Erfolg gekrönt, so können Sie mit Recht auf Ihre Pflegekunst stolz sein.

Je früher Sie eine Frühgeburt in richtige Pflege und Ernährungsbedingungen bringen, umso besser sind die Lebensaussichten.

Sie müssen wissen, daß die Frühgeburten von vornherein sich in dreierlei Beziehungen im großen und ganzen vom normal geborenen Kinde unterscheiden: sie können schwieriger die Körpertemperatur auf der normalen Höhe halten, regelrecht atmen und selbständig Nahrung zu sich nehmen. Darnach müssen Sie Ihr Handeln einrichten.

Der Kernpunkt der Pflege besteht daher vor allem im **dauernden regelrechten Warmhalten**. In Kinderkliniken sind zu diesem Zweck die verschiedensten Brutschränke, Wärmewannen und Wärmekammern (Couveuse) in Anwendung, die Sie in praktischem Gebrauch kennen lernen. Die Temperatur kann dort durch besonders gearbeitete Apparate eingestellt werden und soll durchschnittlich 36,5°—37° betragen. Achten Sie darauf, daß der Apparat nicht zu heiß wird, das Kind kann dann überhitzt werden und an einem „Hitzschlag" schwer erkranken. Überwachen Sie daher die Temperatur durch häufiges Ablesen eines unter die Bettdecke gelegten Thermometers. Seien Sie vorsichtig, daß das Kind sich nicht an den warmen Wänden verbrennt und decken Sie die Wände gut mit dicken Tüchern ab.

Zur Temperaturmessung bedienen Sie sich eines Thermometers — eines sogenannten Frühgeburtenthermometers — dessen Skala etwa bei 20° beginnt. Sie können damit die auftretenden Untertemperaturen besser feststellen.

Es muß häufig, aber vorsichtig gelüftet werden. Vermeiden Sie gewissenhaft jeden Zug und jede Abkühlung. Die Frühgeburt ist dafür besonders empfindlich.

Deshalb sind solche Kinder außer auf ärztliche Anordnung nicht zu baden, sondern nur abzuwaschen, womöglich in ihrer Lagerstätte. Freilich sollen sie auch öfter herausgenommen werden; dies ist sogar sehr wichtig, um sie zu erhöhter Lebenstätigkeit (Schreien) anzuregen, jedoch geschehe dies nur in warmem Flanelltuch oder in Watte.

Zur Warmhaltung des Kindes ist eine Couveuse nicht nötig; es genügt, das Kind in häufig zu wechselnder, vorher erwärmter Watte in einen mit Flanelldecken abgedeckten Korb zu legen und durch Wärmflaschen zu erwärmen. (Siehe Seite 88.) Es besteht dann wie auch bei den Wärmekammern und -wannen gegenüber den Brutöfen der Vorteil, daß das Frühgeborene die reine Zimmerluft atmet und stets nach ihm gesehen werden kann.

Holen die Frühgeburten schlecht Luft und werden sie anfallsweise blau, so müssen Sie sie auf Brust und Rücken klopfen, evtl. mit Wasser anspritzen und auf ärztlichen Rat ein Übergießungsbad machen. (Siehe Seite 94.) Sie können auch künstliche Atmung versuchen, indem Sie mit der auf die Rippenbogen aufgelegten Hand den Brustkorb leicht im Atmungstakt zusammendrücken und zurückschnellen lassen. Sie werden so häufig die Kinder aus diesem lebensgefährlichen Zustande retten, müssen sie jedoch wegen dieser oft unvorhergesehenen Anfälle ganz besonders genau ständig beobachten und niemals unbeaufsichtigt lassen.

Das Füttern erfordert viel Mühe und Geduld von Ihnen. Das Kind kann anfangs, wie schon erwähnt, nicht selbständig saugen. Sie werden ihm daher die Nahrung manchmal in Mengen von 5 Gramm nach ärztlicher Vorschrift mit der Pipette, mit dem Löffel, mit der Sonde oder den besonders hergestellten Undinen einflößen müssen. Hat das Kind im Verlauf seiner Entwicklung allmählich gelernt, selbständig zu saugen, so können Sie zur Nahrungsgabe eine kleine Puppenflasche mit kleinem Sauger benutzen und nach und nach zur Brust- bezw. Flaschenernährung übergehen. Merken Sie sich, daß die

Ernährung mit Muttermilch für die gute Entwicklung der Frühgeburten beinahe unerläßlich ist. Wenn die frühgeborenen Kinder viel schlafen und für die Nahrungsgabe kaum wach zu bekommen sind, so müssen Sie sie kurz vor der Mahlzeit mit kaltem Wasser anspritzen, so daß sie zu schreien beginnen und ihnen dann die Nahrung reichen. Sollten Sie in die Lage kommen eine Frühgeburt von auswärts in eine Anstalt einzuliefern, z. B. von einer Fürsorgestelle oder mit der Bahn, so müssen Sie sie besonders gut verpacken. Für einen solchen Transport ist der sogenannte Welbesche Frühgeburtenkoffer[1]) sehr empfehlenswert.

Halten Sie ganz besonders ansteckende Krankheiten, wie Schnupfen und Husten, von den Frühgeburten fern, da diese Kinder, durch jede Erkrankung besonders gefährdet, zugrunde gehen können.

Während vieler Krankheiten des Säuglings kann es vorkommen, daß die Herzkraft plötzlich nachläßt, ein sogenannter Kollaps eintritt. Die Pflegerin wird das daran merken, daß die Haut des Kindes plötzlich blaß bzw. grau, der Blick ängstlich, Nase, Händchen und Füßchen eiskalt, die Lippen blau werden, die Augen in die Höhlen zurücksinken. Dieser lebensgefährliche Zustand macht die sofortige Herbeiholung eines Arztes nötig, aber da keine Zeit zu verlieren ist, muß die Schwester, ohne dessen Ankunft abzuwarten, dem Kind 1 oder 2 Kampferspritzen geben und Wärmflaschen an die Seite und an die Füße legen. Es ist für das Leben des Kindes von größter Bedeutung, den Kollaps rechtzeitig zu erkennen, aber nicht nur in seiner schweren eben geschilderten Form, sondern auch in ganz leichten Graden, die sich oft nur in einem auffallenden plötzlichen Erblassen des Kindes äußern. Ebenso wie auf die Veränderungen der Gesichtsfarbe, muß die Pflegerin auf das Bewußtsein des kranken Kindes achten und jede Bewußtseinstrübung (das Kind starrt sekundenlang ins Leere, sieht nicht nach vorgehaltenen Gegenständen, macht merkwürdige langsame Bewegungen) sofort dem Arzt melden.

Die Hilfeleistung bei Krankheitserscheinungen durch die Pflegerin ist im Säuglingskrankenhaus und in der Privatpflege verschieden. Im Säuglingskrankenhaus wird es möglich sein, bei jeder Änderung im Zustand des Säuglings den diensttuenden Arzt zu benachrichtigen. In der Privatpflege wird die Pflegerin oft gezwungen sein, selbständig zu handeln, da der Arzt nicht gleich zu erreichen und dessen Herbeiholen nicht immer möglich ist. Im allgemeinen jedoch wird die

---

[1]) Zu beziehen durch die Firma Paul Altmann, Berlin NW. 6, Louisenstr. 45.

Pflegerin sich bei ihrer ersten Hilfeleistung auf Mittel der Krankenpflege beschränken und von vorhandenen Arzneimitteln nur im äußersten Falle Gebrauch machen.

Vom Schreien.

Schreien und Unruhe des Kindes sind wohl die häufigsten Ursachen, die eine Pflegerin veranlassen, einzugreifen.

Zunächst, was dürfen Sie nicht tun, wenn ein Kind schreit? Sie dürfen dem Kinde keine Nahrung geben, wenn die festgesetzte Zeit noch nicht gekommen ist. **Nie dürfen Sie sich durch falsch angebrachtes Mitleid bewegen lassen, auch nur einen Tropfen mehr zu geben, als vorgeschrieben. Sie würden damit nur beweisen, daß Sie wegen Mangels an Verständnis zur Säuglingspflege unbrauchbar sind.** Die Kinder, die nach der Nahrungsaufnahme noch schreien, sind meist gerade diejenigen, die durch Überfütterung in einen schlechten Zustand gekommen, die ein Übermaß gewöhnt sind, und die deshalb erst recht wenig haben müssen. Einschläfernde Tränkchen zu geben, wäre ein Verbrechen. Sie dürfen nicht etwa *sofort*, wenn ein Kind schreit, es auf den Arm nehmen oder im Wagen hin und her schaukeln, wenn auch dies ebenso wie das Anbieten des Schnullers nicht in jedem Fall zu umgehen sein wird.

Was sollen Sie denn tun? Sie sollen genau **nach der Ursache des Schreiens forschen**, nachsehen, ob das Kind naß liegt, ob die Windel drückt oder zu rauh ist, ob es wund ist, ob es durch Insekten (Flöhe, Fliegen, Läuse) belästigt wird, ob ein harter Gegenstand mit eingewickelt war, ob die Decke, besonders das Steckbett, zu warm macht, ob durch Überfüllung des Magens Leibschmerzen, Blähungen, Verstopfung entstanden sein könnten. Wenn Sie gar keinen Grund ausfindig machen können, so ist der Arzt um Rat zu fragen.

In erster Linie werden Sie an das Vorliegen einer Verdauungsstörung denken müssen und daran, daß die Nahrung dem Kind nicht bekömmlich ist, auch wenn die Stühle noch keine auffallenden Zeichen in dieser Hinsicht darbieten. Die Pflegerin wird niemals schaden, wenn sie bei dieser Gelegenheit die Nahrung des Kindes einschränkt, wenn sie eine Mahlzeit ausläßt und statt deren etwas Tee gibt. Sie würde sich aber eines groben Fehlers schuldig machen, wenn sie das Schreien des Kindes auf Hunger bezöge und mehr und öfter Nahrung zuführen würde. Sie kann dadurch eine beginnende leichte Verdauungs= störung zu einer schweren unheilbaren machen.

Ist ein Kind unruhig und dabei hochgradig verstopft, so kann die Pflegerin ihm einen Einlauf machen. (Siehe Seite 85.) Sie muß sich aber klar darüber sein, daß die Verstopfung ein Zeichen dafür ist, daß die Nahrung dem Kind nicht bekommt, und sie wird den Arzt benachrichtigen müssen, damit er die Nahrung ändere; keinesfalls darf sie die Verstopfung selbständig durch dauernden Gebrauch von Abführmitteln oder Einläufen bekämpfen.

Die Pflegerin muß sich ferner klar sein, daß schlecht veranlagte Kinder (siehe Seite 68), insbesondere nervös belastete, viel leichter erregbar sind als normale, daß man für solche eine geräuschlose Umgebung schaffen und darauf bedacht sein muß, daß ihr Schlaf nicht gestört werde. Ferner muß sich die Pflegerin vor Augen halten, daß **auch Durstgefühl Unbehagen und Unruhe hervorrufen kann, und daß darum die Darreichung von Wasser oder Tee zur Beseitigung der Unruhe genügt, insbesondere in der heißen Zeit.** Es ist nicht richtig, daß andauerndes Schreien einem Kinde nicht schadet. Daher muß die Pflegerin danach trachten, das Nötige zur Beseitigung der Unruhe eines Kindes zu veranlassen, jedenfalls den Ursachen genau nachzuforschen, um ihre Wahrnehmungen dem Arzte berichten zu können.

Die frische Luft als Heilfaktor.

Welches ist der wichtigste natürliche Heilfaktor? **Die frische Luft.**

Keine Medizin, keine noch so sorgsame Pflege kann erreichen, was die frische Luft zu erzielen imstande ist. Je mehr man dem Kinde davon verschaffen, je länger es sich im Freien aufhalten kann, desto größer und überraschender sind die Erfolge bei Gesunden und bei Kranken. Den ganzen Tag kann in der wärmeren Jahreszeit das Wägelchen auf dem Balkon stehen, und auch im Winter muß das Kind ins Freie gebracht werden. Nur wenige stürmische Tage wird es im Jahr geben, wo dies nicht möglich ist. Vergessen Sie übrigens nie, vor dem Ausgehen die Fenster des Kinderzimmers zu öffnen.

Hierbei sei auch an die sog. **Luftbäder** erinnert, **die vorzügliche Erfolge aufweisen.** Wenn es im Sommer draußen so schön warm ist, daß Sie selbst die Lust in sich verspüren: am liebsten möchte ich jetzt die lästigen Kleider von mir werfen, so entkleiden Sie ruhig ihren Pflegling vollkommen und lassen ihn so eine viertel bis halbe

Stunde auf einer Decke umherkrabbeln. Auch im Zimmer können Sie ihn täglich kurze Zeit nackt nach Herzenslust strampeln lassen, nur muß es natürlich warm genug sein und Zugluft vermieden werden.

Es ist bei Ihrem feinfühligen weiblichen Instinkt gar nicht so schwer, die richtige Kleidung für das Kleine beim Hinausbringen auszusuchen, wenn Sie sich in seine Lage versetzen und bedenken, daß sich ein so zarter Körper viel leichter abkühlt als ein Erwachsener, daß, während Sie sich beim Gehen Bewegung machen, das Kind ruhig liegt oder getragen wird und so weniger Wärme entwickelt.

Maßregeln zur Verhütung der Ansteckung.

In den folgenden Zeilen werden Sie gewiß manches lesen, was Ihnen, wenn Sie die vorigen Abschnitte verstanden haben, als selbstverständlich erscheint; doch müssen Sie es einmal schwarz auf weiß sehen, damit Sie in Ihrem Handeln größere Sicherheit bekommen, die Sie befähigt, in jeder vorkommenden Lebenslage das Richtige zu treffen. Denn es genügt nicht, daß Sie einige Verhaltungsmaßregeln lernen; vielmehr muß Ihnen der Begriff der medizinischen Reinlichkeit so in Fleisch und Blut übergehen, daß Sie gar nicht anders handeln können.

An den Anfang stelle ich die beiden Hauptgebote:

1. **Berühren Sie niemals zwei Kinder nacheinander, ohne sich zwischendurch gründlich die Hände gereinigt zu haben.** Mit andern Worten: Nach der Berührung eines jeden Kindes muß ganz mechanisch Ihr Schritt sich mit automatischer Sicherheit dem Waschbecken zuwenden.

2. **Jeder Gebrauchsgegenstand, der irgendwie, sei es direkt oder indirekt, mit einem Kinde in Berührung gekommen ist, darf nur noch für dieses Kind benutzt werden, andernfalls wird er vor weiterem Gebrauch gründlich desinfiziert.**

Dies sind die goldenen Regeln der Säuglingspflege in Anstalten; sie bilden den Kernpunkt des ganzen Kapitels. Und wenn Sie weiter nichts aus ihm lernen wie die Befolgung dieser Vorschriften, so haben Sie viel, unendlich viel profitiert.

Die Hände der Pflegerin sind es, die in erster Linie die so gefürchteten, oft todbringenden Epidemien in den Sälen hervorrufen. Wenn einmal das Waschen nach dem Anfassen eines darmkranken Kindes vergessen wurde, so ist das Unglück geschehen. Das Nebenkind erkrankt, und all die schönen Erfolge, die man bisher erzielt hatte, die

Maßregeln zur Verhütung der Ansteckung.

Gewichtszunahme, über die Arzt und Schwester sich freuten, alles war umsonst; es geht bergab, und Wochen sind dann nötig, um den Schaden wieder gut zu machen. Man konnte freilich nichts von Schmutz an den frevlerischen Händen sehen, sie hatten ja nur die Bettdecke des ersten Kranken zurückgezogen. Doch gerade an dieser Stelle saß der unsichtbare Feind und lauerte auf die Gelegenheit, auf einen törichten Finger, um von dort auf ein gesundes, ahnungsloses Kleines zu gelangen.

Wie reinige ich die Hände nach der Berührung eines Kindes? Die Hauptsache ist und bleibt das gründliche Waschen und Bürsten mit Seife. Glauben Sie nicht, daß das einfache Abspülen in desinfizierender Lösung genügte; das nützt gar nichts. Freilich ist in allen Fällen, wo auch nur die **Möglichkeit** einer Ansteckung vorliegt, die wirkliche Desinfektion durch Bürsten und Anwendung eines Antiseptikums nach chirurgischen Regeln geboten, doch **bleibt die vorausgehende Seifenwaschung stets das Wichtigste**. Letztere, die mitunter alle paar Minuten erfolgen kann — so oft Sie nämlich ein Kind anfassen —, braucht nicht gerade jedesmal mit einer Bürste, besonders wenn sie recht hart ist, zu erfolgen; dann würden Ihre Hände, zumal im Winter, zu leicht wund und empfindlich werden und erfahrungsgemäß um so schlechter einer Reinigung zugänglich sein. Vergessen Sie nicht das Kurzhalten und Reinigen der Nägel, unter denen ein Tummelplatz aller Arten von Bakterien ist; **der Nagelreiniger hänge neben jeder Waschgelegenheit**. Das Waschen mit gut schäumender Seife hat bei aufgeschlagenen Ärmeln bis zum Ellbogen zu geschehen. Für die Pflege Ihrer Hände sorgen Sie durch regelmäßiges Einfetten!

Die zweithäufigste Übertragungsform ist die durch **Gebrauchsgegenstände**, als da sind: Badewanne, Badetuch, Bade- und Fieberthermometer, Waschlappen, Waschschüssel, Seife, Mund- und Salbenspatel, Puderbüchse, Sauger, Arzneilöffel, Spielsachen usw.

Je mehr von diesen täglich gebrauchten Gegenständen jeder Säugling allein für seinen Gebrauch hat (sogar eine Badewanne ist auf manchen Abteilungen für jedes Kind vorgesehen), desto größer ist der Schutz vor Krankheitsübertragung. Sie sollten alle numeriert sein und säuberlich neben jedem Bettchen stehen. Wenn die Forderung aufgestellt wird, daß beispielsweise jedes Kind seine eigene Puderbüchse haben soll, so wird manche von Ihnen das anfangs für übertrieben halten, „da ja die Büchse gar nicht mit dem Kind selbst in Berührung komme". Überlegen Sie sich einmal den Vorgang. Die Puderdose wird fast ausschließlich mit nichtsterilen Händen angefaßt, da sie während des Trockenlegens selbst gebraucht wird. Überträgt nun die Pflegerin mit ihren Fingern die Infektionskeime des kranken Kindes, das gerade besorgt wird, an die Büchse, so kann sie sich nachher noch so sehr die Hände reinigen: beim Pudern des nächsten Säuglings überträgt sie die an besagter Büchse klebenden Bakterien des vorigen auf ihre Haut und später auf das gesunde Kind. Das ist ein Beispiel für viele. Alle Gegenstände, die nicht für jedes Kind angeschafft werden können, wie z. B. Nagelschere, werden nach jedem Gebrauch gründlich gereinigt.

Jeder Säugling wird im eigenen Bett gewickelt und getrocknet; für diesen Zweck ist eine Wickelkommode im Krankensaal nicht zu empfehlen.

Wo nicht für jedes Kind eine besondere Wanne zur Verfügung steht, ist sie nach jedesmaliger Benutzung mit Seife und dem dazu bestimmten Desinfiziens gründlich zu reinigen. Gerade durch das Bad werden so leicht Krankheitskeime übertragen. Bei besonders ansteckenden Krankheiten (z. B. Lues) hat natürlich das betreffende Kind eine nur für dieses bestimmte Wanne.

Kranke Kinder werden stets zuletzt besorgt, damit sie den gesunden nicht mehr gefährlich werden.

Die Wage ist bei jedem Wägen mit einem neuen Tuche zu bedecken, der Wasserleitungshahn häufig des Tags mit der Desinfektionsflüssigkeit abzuwaschen.

Fassen Sie ferner nie die Türklinke mit einer Hand an, die nicht gerade gewaschen ist. Müssen Sie beispielsweise den Windeleimer heraustragen, so öffnen Sie den Drücker mit dem Ellbogen. Ist es, abgesehen von der Infektion mit Bakterien, nicht unappetitlich, eine mit einer Stuhlwindelhand beschmutzte Türklinke dem nachfolgenden Arzt oder einer andern Pflegerin in die Hand zu drücken?

Sehr leicht erfolgt eine Krankheitsübertragung auch durch die Kleider der Pflegerin. Deshalb ist auf häufigen Wechsel und stete Frische des Mantels oder der Schürze zu achten. Ebenso ist überflüssiges Anfassen der Bettstellen und Anlehnen an diese ängstlich zu vermeiden. Beim Herumtragen eines Kindes muß Ihnen stets die Frage vor Augen schweben: Wie vermeide ich eine Übertragung von Keimen auf andere? Küssen ist natürlich verboten.

Bei der Temperaturmessung (Ausführung siehe Seite 82) ist die wichtigste Regel, daß vorher und nachher die Hände sorgfältigst gereinigt werden. Der Thermometer wird aus dem bei jedem Bett vorhandenen Gläschen mit desinfizierender Lösung herausgenommen und mit kaltem Wasser abgespült. Das in der Einzelpflege geübte Einfetten vor dem Gebrauch unterbleibt am besten auf der Abteilung, da so die antiseptische Flüssigkeit besser wirken kann. Eine mechanische Reinigung ist nach der Messung selbstverständlich, sie darf jedoch nicht mit einer Bürste für alle Thermometer vorgenommen werden.

Eine vielfach zu wenig berücksichtigte Verbreitungsweise von Keimen ist die durch Fliegen, die sich an der Haut des Kindes, besonders gern an den Augen und am Mund, wo zersetzte Nahrungsreste kleben, mit Beinen und Rüssel zu schaffen machen und von einem Bett zum andern fliegen. Und abgesehen davon, ist es nicht eine Grausamkeit, ein armes krankes Kind, das sich nicht wehren kann, und das die Ruhe so nötig braucht, fortgesetzt peinigen zu lassen? Für den Sommer sollte jedes Bett seinen Gazeschleier haben!

Für manche ansteckende Krankheiten genügt auch die peinlichste Sauberkeit nicht, um eine Übertragung zu verhindern. Das kommt daher, daß auch in der Luft, in den kleinsten Staubteilchen und Wasserdunsttröpfchen sich die Infektionskeime festsetzen und so überallhin durch die geringste Luftbewegung verschleppt werden. Sehen Sie sich einmal solch einen Sonnenstrahl an, der durch einen Fensterspalt ins Zimmer fällt: milliardenfache Gelegenheit für die Bazillen, sich an den Staubteilchen anzuklammern. Besonders in Betracht kommen hier die sog. „Infektionskrankheiten". Bei vielen von ihnen, z. B. bei Scharlach, Masern, Diphtherie, Keuchhusten und Windpocken, genügt es nicht, das erkrankte Kind ins Nebenzimmer zu legen. Es muß in ein ganz anderes Gebäude (Isolierstation) mit eigenem Pflegepersonal gelegt werden.

Hat eine Pflegerin das Unglück, daß auf ihrer Station eine der obengenannten Krankheiten ausbricht, so muß sie sofort und ohne einen Moment zu verlieren, sobald ihr der leiseste Verdacht aufsteigt, den Arzt benachrichtigen. Bis zum Eintreffen des Arztes darf sie in der Zwischenzeit kein anderes Kind mehr berühren. Ist aber ärztlicherseits die Diagnose sicher oder auch nur wahrscheinlich, so sollte die Pflegerin nach schleunigster Fortschaffung des betreffenden Kindes den Saal am gleichen Tage nicht mehr betreten und sich Anweisung betreffs ihres Kleiderwechsels und Bades geben lassen. Die übrigen Kinder sind unverzüglich ebenfalls aus dem vergifteten Zimmer zu entfernen und dieses sowie die Bettstelle, Bettwäsche, Kleidung und die Gebrauchsgegenstände zu desinfizieren.

In Fällen von weniger gefährlichen Krankheiten, wie Schnupfen, Husten, die aber ebensogut auf dem Luftwege übertragen werden, empfiehlt es sich, für den ersten Moment, so lange bis ein Isolierzimmer oder eine der gleich zu besprechenden Boxen frei ist, über das Bettchen einen etwa 2 qm großen, in Borwasser ausgedrückten Gazeschleier zu hängen; die Infektionsstäubchen werden dann darauf niederschlagen und vernichtet werden.

Für die letztgenannten Erkrankungen sowie für andere, die gesonderter Pflege bedürfen (z. B. Lues), hat sich das Boxensystem bewährt. Boxen sind kleine, meist für ein Bett bestimmte Verschläge innerhalb eines Saales, gewöhnlich aus Glaswänden bestehend, die den Überblick gestatten und doch eine von Bett zu Bett gehende Luftströmung verhindern. Der Hauptvorteil liegt aber darin, daß man nicht von einem zum andern Kind gelangen kann, ohne den Umweg um die Zwischenwand zu machen. Dabei wird jeder, auch der Zerstreute, an die besonderen Vorschriften erinnert, die besagen, daß jede Person, Pflegerin sowohl wie Arzt, vor und nach dem Betreten jeder Box ganz besonderen Wert auf die Händedesinfektion zu legen und jedesmal einen andern Mantel anzuziehen hat. Für einige Krankheiten, die nur durch Berührung übertragen werden, wie Lues, eventuell auch Darmkatarrhe, genügt es, statt der Glaswände einfache Drahtnetze zu nehmen.

Noch zwei Punkte müssen nochmals besonders erwähnt werden: Pflegerinnen, die an sog. Erkältungskrankheiten leiden (Schnupfen, Husten, Mandelentzündung usw.), sollen vom Dienste fernbleiben, da sie anstecken. In Notfällen wäre das Anlegen der Mikuliczschen Gesichtsmaske zu verlangen. (Siehe Seite 81.) Aus dem gleichen Grunde sind **hustende oder niesende Besucher nicht zuzulassen.** Die Angehörigen sollen einen Stationsmantel anziehen und dürfen stets nur ihr eigenes Kind berühren, nie nahe an ein anderes Bett herantreten und auch den Bettrand nicht anfassen. Wenn angängig, sollen sie sich beim Eintritt in den Saal gründlich die Hände waschen. Ansteckende Kinder darf der Besuch natürlich nur von außen durch die geschlossenen Fenster besehen.

Ratschläge für die heißen Monate zur Verhütung der Sommersterblichkeit der Säuglinge.

Der größte Feind der Säuglinge ist der Sommer mit seiner großen Hitze. Ihre Gefahren für das Kind werden Sie nur vermeiden, wenn Sie dafür sorgen, daß

1. die Säuglinge zweckmäßig ernährt werden;

Ratschläge zur Verhütung der Sommersterblichkeit der Säuglinge.

2. durch richtige Pflege, insbesondere Bekleidung, ihre Überhitzung (Wärmestauung), vermieden wird;
3. die Wohnung möglichst kühl gehalten wird.

Ernährung in der heißen Zeit. An der Brust genährte Kinder sind von Erkrankungen im heißen Sommer ziemlich geschützt. **Muttermilch verdirbt nicht;** daher dürfen die Kinder nie im Sommer abgesetzt werden.

Da Tiermilch durch die Hitze leicht verdirbt, und der Genuß verdorbener Milch die Säuglinge krank machen kann, muß die Milch in der heißen Zeit besonders gut behütet werden, damit sie sich nicht zersetzt. Ist Eis vorhanden, muß die Milch auf Eis oder in den stets gut verschlossenen Eisschrank gestellt werden. Im Eisschrank soll höchstens eine Temperatur von 12 Grad sein; die Milch soll erst hineingestellt werden, nachdem sie in fließendem Wasser gekühlt ist.

Wer keinen Eisschrank hat, kann sich selbst mit ganz geringen Kosten einen solchen herstellen. Man holt vom Kaufmann eine Holzkiste, bestreut den Boden mit Sägespänen, setzt zwei Eimer von verschiedener Größe ineinander hinein und füllt bis zum oberen Rande des größeren Eimers mit Sägespänen nach. In den kleineren Eimer werden die Flaschen mit Nahrung, umgeben von einigen Eisstückchen, gesetzt und mit dem Deckel des Eimers zugedeckt. Der Deckel der Kiste wird mit einer Lage Zeitungspapier beklebt.

Ist Eis nicht vorhanden, müssen die Flaschen in kaltes, sauberes Wasser gestellt werden, das recht oft gewechselt wird. Stets muß die Milch gut bedeckt gehalten werden, damit Staub und Fliegen sie nicht verunreinigen.

Milch, die noch vom Morgen des vorhergehenden Tages steht, darf nicht verwandt werden, wenn sie nicht auf Eis aufbewahrt wurde. Man gebe dann lieber etwas Tee ohne Milch, bis frische Milch zu haben ist.

An heißen, schwülen Sommertagen soll weniger Nahrung gegeben werden als sonst. Jede einzelne Mahlzeit kann um ein Viertel vermindert werden. Bekommt der Säugling z. B. 5×200 g Halbmilch, so gibt man ihm, wenn es sehr warm wird, nur 5×150 g Halbmilch. Auch darf nicht mehr Zucker in jede Flasche gegeben werden, als der Arzt verordnet hat, denn künstliche Nahrung wirkt in der heißen Zeit oft giftig.

Der Säugling hat in der heißen Zeit Durst. Damit er nicht erkrankt, muß der Durst gestillt werden. Das geschieht durch Verabreichung von abgekochtem, kühlem Wasser oder dünnem Tee in den Nahrungspausen, besonders wenn die Kinder anfangen unruhig zu werden. Auch kann man nach jeder einzelnen Mahlzeit ein paar Löffel Wasser geben (sowohl bei den Brustkindern, als auch bei den künstlich genährten Kindern).

Pflege in der heißen Zeit. Durch zweckmäßige Pflege des Säuglings muß die Gefahr der Überwärmung vermieden werden. Richtige Bettung und Kleidung sind besonders wichtig. Weg mit den Federbetten, weg mit Watte und Steckbett. Muß durchaus eine Gummiunterlage genommen werden, sei sie so klein als möglich. Das Kindchen soll an heißen Tagen fast nackt im Bettchen oder Korb strampeln; eine leichte dünne Decke genügt zum Zudecken.

An heißen Tagen muß man das Kind ein bis zweimal täglich baden oder öfter mit kühlem Wasser waschen.

Wahl des Wohnraumes in der heißen Zeit. Das beste und kühlste, häufig gelüftete Zimmer Eurer Wohnung ist für Euer Kind das geeignetste. Dieses Zimmer könnt Ihr noch kühler machen, wenn Ihr die Fensterscheiben häufig mit möglichst kühlem Wasser besprengt!

Ihr dürft das Kind nicht in der heißen feuchten Küche stehen haben!

Hat Eure Wohnung kein kühles, schattiges Plätzchen, so versucht im Hause ein solches ausfindig zu machen (Keller), dort stellt Euer Kind hin.

Könnt Ihr auch im Hause kein solches Plätzchen finden, so bringt das Kind möglichst viel an einen schattigen, nicht schwülen Ort im Freien, auch da darf es bloß liegen.

Geringe Zugluft schadet Eurem Kinde im Sommer nichts!

Die Versorgung kranker Säuglinge in der heißen Zeit. Jede, auch die anscheinend leichteste Krankheit, kann in der heißen Zeit binnen wenigen Stunden einen tödlichen Ausgang nehmen und muß daher rechtzeitig vom Arzte behandelt werden. Keine Krankheit darf bis zu den heißen Tagen anstehen, mag es sich nun um einen geringfügig erscheinenden Durchfall oder Verstopfung, um einen Schnupfen, um Geschwüre auf der Haut handeln.

Jedes kleinste Krankheitszeichen, das in heißen Tagen eintritt, erfordert Beachtung und Behandlung. Nicht erst, wenn der Brechdurchfall da ist, soll der Arzt in Anspruch genommen werden; denn dann ist es häufig zu spät, sondern schon, wenn das Kind unruhig ist, wenn es blaß wird, auch wenn es dabei verstopft sein sollte, muß es zum Arzt, in die Säuglingsfürsorgestelle oder ins Spital gebracht werden. Tritt Durchfall ein, dann sind sofort Milch und sonstige Nahrung wegzulassen, das Kind darf nur Tee (Fenchel-, Lindenblüten-, Pfefferminz-, einfachen Tee) und Wasser bekommen, ist möglichst leicht zu bekleiden und sofort zum Arzt zu bringen.

Der Mutter, die in der heißen Zeit so oft als möglich die Säuglingsfürsorgestelle oder ihren Arzt aufsucht, wird es am sichersten gelingen, ihr Kind gesund zu erhalten.

Ausführung einiger wichtiger Handgriffe und ärztlicher Verordnungen.

Händewaschen: Das Händewaschen geschieht mit warmem Wasser, Seife und Bürste unter mehrmaligem Abspülen. Die Nägel sind zu beschneiden, mit einem Nagelreiniger zu säubern und zu bürsten. Die Hände werden unter leicht massierenden Bewegungen gründlich abgetrocknet. Vor jedem chirurgischen Eingriff wird die Händewaschung verschärft, indem man 5 Minuten mit warmem Wasser, Seife und Bürste wäscht, Nägel beschneidet und bürstet, 3 Minuten wieder wäscht, mit sterilem Handtuch abtrocknet, 5 Minuten in 96%-igem Alkohol und dann 3 Minuten in Sublimat bürstet.

An- und Ablegen des Mantels. Der Mantel muß beim Anlegen hinten vollkommen geschlossen sein und wird beim Ablegen so aufgehängt, daß die linke Seite nach innen kommt.

Um- und Abbinden der Maske: Bei Anwendung einer Maske sind Nase und Mund zu bedecken. Nach Gebrauch ist die Maske auf die mit einem Merkmale (Kreuz, Name) versehene Innenseite zusammen zu falten und in einem besonderen Tuch aufzubewahren.

Haltung des Kindes zur ärztlichen Untersuchung: Das zu untersuchende Kind wird entkleidet, gesäubert und im Bett auf eine frische Unterlage gelegt.

Beschäftigen Sie das Kind möglichst und lenken Sie dadurch seine Aufmerksamkeit von der Untersuchung ab. Vermeiden Sie eine Behinderung des Arztes durch die Arme und Beine des Kindes. Achten Sie darauf, daß das Kind immer gut atmen kann und stets eine gerade Lage einnimmt. Halten Sie es aber nicht wie in einem Schraubstock fest, denn, in seiner Bewegungsfreiheit behindert, wird es unruhig und sich so gegen die Untersuchung sträuben. Die hauptsächlichsten Untersuchungsarten erfolgen entweder in liegender oder sitzender

Stellung im Bett oder außerhalb des Bettes und richten sich nach den Wünschen des Arztes.

Die Untersuchung im Bett: Nach Untersuchung der Brustseite wird das Kind in Bauchlage gedreht, die Arme des Kindes liegen gekreuzt unter der Brust. Die Pflegerin hält ihre ausgebreiteten Hände unter den Brustkorb des Kindes. Der Kopf des Kindes liegt auf dem unteren Teil der Unterarme der Pflegerin. Nase und Mund des Kindes müssen frei sein. Bei der Untersuchung in sitzender Stellung faßt die Pflegerin die Hände des Kindes mit Daumen und Zeigefinger, ergreift den Kopf mit den übrigen Fingern, und streckt durch sanftes Emporziehen des Kopfes den Rücken des Kindes.

Die Untersuchung außerhalb des Bettes: Die Pflegerin steckt sich den Zipfel einer sauberen Windel möglichst weit nach hinten in das Halsloch ihres Kleides. Dadurch ist ihre linke Schulter, Brustseite und linker Unterarm bedeckt. Das Kind wird auf die Mitte des linken Unterarms, die Brust der Pflegerin zugewandt, gesetzt; die linke Hand der Pflegerin umfaßt dabei das Gesäß des Kindes, die rechte Hand hält durch Anlehnen des Kopfes an die linke (gleichseitige) Schulter das Kind in gerader Stellung. Die Arme des Kindes werden dabei möglichst mitgefaßt und müssen sich in gleicher Höhe befinden.

Beim Wechseln der Stellung zur Untersuchung der Brustseite gibt die Pflegerin für einen Augenblick das Kind dem Arzt und läßt es sich dann, den Hinterkopf an ihre Schulter gelehnt, unter Beachtung derselben Stellung auf den Arm setzen. Bei der Untersuchung und bei Eingriffen am Kopf, im Hals, an den Ohren, Augen, an der Nase ist es besonders bei ungebärdigen Säuglingen oft nötig, diese bis an den Hals fest in ein Laken einzuwickeln und mit den Knien und einem Arm festzuhalten.

Besichtigung des Halses: Im Bett oder auf dem Arm einer anderen. Die linke Hand auf dem Kopf des Kindes, mit der rechten Hand den Spatel — Metall-, Horn-, Glas-, Holz-, — mittels Schreibfedergriffs fassend, führt die Pflegerin etwas seitwärts vom Kind stehend vom Mundwinkel aus bei gutem Licht den Spatel — bei ungleichen Spatelenden die schmale Seite — ein und drückt den Zungengrund herunter.

Temperaturmessung: Die Temperatur wird im Mastdarm mittels eines Maximalthermometers in Seiten- oder Rückenlage des Kindes bestimmt. Der Quecksilberfaden wird durch Schleuderbewegungen unter 35,6, bei elenden Kindern noch tiefer heruntergedrückt.

Ausführung einiger wichtiger Handgriffe und ärztlicher Verordnungen.

Die linke Hand der Pflegerin hält das am besten auf der Seite liegende der Pflegerin zugekehrte Kind während der Messung zugedeckt an dem im Hüftgelenk gebeugten Oberschenkeln und am Rücken fest und zieht gleichzeitig die Gesäßfalte bis zum Sichtbarwerden der Schleimhaut mit Daumen und Zeigefinger auseinander. Die rechte Hand führt dann das mit Wasser abgespülte, an der Spitze etwas eingefettete Thermometer bis über das Quecksilbergefäß — etwa 3 cm tief — genau in der Längsachse des Körpers in den Mastdarm ein. Wenn die Quecksilbersäule bei wiederholtem Nachsehen — meist nach 5 Minuten — nicht mehr steigt, so ist die Messung beendet. Die Temperatur wird abgelesen, das Thermometer aus dem Darm herausgezogen, und der mit Stuhlgang beschmutzte After mit einem Watte-, Jute- oder Zellstoffstück gereinigt; das Thermometer wird dann durch einen Windelzipfel hindurchgezogen, mit einem kleinen, mit desinfizierender Lösung getränktem Stück Watte oder Zellstoff oder Jute abgeputzt und in sein mit desinfizierender Lösung gefülltes an der Kuppe mit Watte ausgepolstertes Standgefäß zurückgestellt, oder wie meist im Privathaus, in seine Hülse zurückgelegt. Nach Waschung der Hände notiert die Pflegerin die Temperatur und trägt sie am besten in eine Kurve ein. Bei der Messung in Rückenlage hält die linke Hand der Pflegerin die Füße des Kindes mittels Zangengriffes bei Beugung der Beine im Hüftgelenk und gleichzeitig den Rumpf fest, während die rechte Hand das Thermometer in die durch die Haltung auseinandergezogene Gesäßfalte einführt. Sonst ist die Messung die gleiche wie in Seitenlage. (Temperatur des gesunden Säuglings siehe Seite 11.) Um das Abbrechen eines Thermometers zu vermeiden, halte die Pflegerin das Kind nicht starr fest, sondern folge möglichst seinen Bewegungen. Bei gutem Aufpassen wird dieser Unglücksfall kaum eintreten. Jedenfalls darf die Pflegerin niemals irgendwelche Versuche machen, das abgebrochene Stück aus dem Mastdarm herauszuziehen; sie wird sofort einen Arzt benachrichtigen und bis zu seinem Eintreffen die Gesäßfalte spreizen, um eine Einklemmung des abgebrochenen Thermometers und Verletzung der Darmwand zu verhüten.

Zählen von Atmung und Puls soll möglichst während des Schlafens geschehen, da bei der geringsten Erregung Unregelmäßigkeiten auftreten können. Bei großer Schwäche oder hohem Fieber kann das Pulszählen auch für den geübten bisweilen unmöglich werden. (Zahl bei Gesunden Seite 11.)

Auffangen von Urin: Geschieht am besten durch das Einbinden einer flachen Schüssel — möglichst Emailleschüssel — in die

Windellage oder durch das Vorlegen eines sogenannten Erlmeyerkölbchens oder eines Reagenzröhrchens vor die Harnröhrenöffnung. Diese Maßnahme muß im praktischen Dienste erlernt werden.

Auffangen von Erbrochenem: Das Kind liegt mit erhöhtem Oberkörper auf der Seite und hat zur Stütze ein Sandkissen im Rücken. Wasserdichter Stoff schützt vor Durchnässung. Die zur Aufnahme des Erbrochenen bestimmte Schale wird etwas tiefer als der Kopf des Kindes gelagert.

Gemessen wird das Erbrochene in einem Meßzylinder.

Anlegen eines Nabelpflasters: Die Pflegerin drückt in Rückenlage des Kindes mit dem linken Zeigefinger den herausgetretenen Nabel mit einem der Größe des Nabels entsprechenden Stück Watte ein, schiebt mit dem linken 3. Finger und Daumen von beiden Seiten die Bauchhaut über den Nabelbruch zusammen und zieht das am linken Rippenbogen mit der rechten Hand befestigte 3—4 cm breite Pflaster kräftig über die in der linken Hand gehaltene Hautfalte bis zum rechten Rippenbogen hinweg.

Anlegen von Armmanschetten: Ein durch Einweichen in Wasser rund gebogenes und wieder getrocknetes, mit Watte umwickeltes der Größe des Armes entsprechendes Pappestück oder ein mit Watte umwickelter Heftdeckel werden bis zur Mitte des Oberarms und bis zum 2. Drittel des Unterarms angelegt. Der untere Rand der Jackenärmel wird über die Manschette hinübergezogen und dann das Ganze mit einer Binde befestigt.

Anlegen einer Ekzemmaske: In ein der Gesichtsgröße des Kindes entsprechendes Stück frisch gewaschener, alter Leinwand werden für Augen, Nase und Mund hinreichend große Öffnungen geschnitten. Die dann mit der ärztlich verschriebenen Salbe bestrichene Maske wird nach oben bis zur Haargrenze, beiderseits bis zur Grenze des Ohrdeckels nach unten bis über das Kinn hinweg dem Gesichte des Kindes glatt angelegt und mit Bindentouren um den Kopf befestigt. Nach ärztlicher Vorschrift wird das Schädeldach ebenfalls mit einem entsprechend vorbereiteten Stück Leinwand bedeckt und durch die Bindentouren mit der Maske zusammen festgelegt. Wenn die Salbe dazu bestimmt war, eingetrocknete Borken aufzuweichen, um sie zu entfernen, so kann nach 12 Stunden der Kopf mit Seife (am besten grüner Seife) abgewaschen und mit einem Staubkamm abgekämmt werden.

Bei Ungeziefer (Läuse) wird eine sogenannte S a b a d y l l - e s s i g k a p p e angelegt. Watte oder Tupfermull werden in die

Ausführung einiger wichtiger Handgriffe und ärztlicher Verordnungen.

Flüssigkeit getaucht, ausgedrückt und gut auf den Kopf (Haare locker auseinander genommen) gelegt. Darüber wasserdichter Stoff und Binde (Kopfverband). Am Morgen wird der Kopf gründlich mit grüner Seife gewaschen und gekämmt. Die Kappe wird verbrannt. Vorsicht ist geboten, da Sabadyllessig giftig ist.

Klystiere: Vor dem Gebrauch sind die in den Darm einzuführenden Ansätze zu kontrollieren, damit nicht durch scharfe Ecken die zarte Schleimhaut des Darms, besonders bei unverhofften Bewegungen des Kindes, verletzt wird. Stets ist in den Darm ein weiches Gummirohr einzuführen.

Mit der Spritze: abführende Klystiere: in einer auf ihre Dichtigkeit nach bekannter Art zu prüfende, ungefähr 100 ccm fassende Hartgummispritze werden ungefähr 50 ccm körperwarmen Kamillenaufguß oder lauwarmen Wassers — bei ziemlich hartnäckigen Fällen von Verstopfung warmen Olivenöls — aufgezogen.

Das Kind liegt in Rücken- oder Seitenlage auf einer wasserdichten Unterlage. Während die Pflegerin mit ihrer linken Hand die Gesäßfalte des Kindes spreizt (siehe Temperaturmessung Seite 82), führt sie mit ihrer rechten Hand ein mit Vaselin oder Öl bestrichenes, etwa 2 Finger langes Darmrohr 10 cm weit vorsichtig in den Darm ein, setzt die Spritze auf und entleert sie unter leichtem Druck. Dann werden Spritze und Darmrohr unter Zusammendrücken der Gesäßfalten langsam aus dem Darm herausgezogen und die Gesäßbacken weiter solange zusammengedrückt gehalten, bis das Pressen des Kindes aufgehört hat.

Ernährende und medikamentöse Klystiere: Dem Nährklystier hat ein Reinigungsklystier mit lauwarmem Wasser vorauszugehen. Das Becken des Kindes ist durch eine mit einem Leder geschützte Rolle mäßig hoch zu lagern. Die Einlaufflüssigkeit wird vom Arzte bestimmt (physiologische Kochsalzlösung siehe Seite 61); die Ausführung ist die gleiche wie bei dem abführenden Klystier.

Mit der Ballonspritze: Die Anwendung einer Ballonspritze ist nur bei abführenden, kleineren Einläufen zu empfehlen. Bei Vorhandensein eines harten Auslaufrohres an der Spritze ist über dieses ebenfalls ein weiches Gummirohr zu ziehen. Die einzuspritzende Flüssigkeit beträgt 30—50 ccm, sonst ist die Ausführung die gleiche, wie bei dem abführenden Klystier.

Mit dem Irrigator oder mit dem Trichter und Schlauch, in Anwendung bei allen Klystieren je nach Gewohnheit: Der Irrigator (Gefäß, Schlauch, Glaszwischenstück, Darmrohr) wird nach der bekannten Art gefüllt und in das Darmrohr eingeführt. Ist statt des Glaszwischenstücks nur ein Hartgummizwischenstück mit verstellbarem Hahn vorhanden, so ist der Stellhahn nur vorsichtig langsam aufzudrehen.

Darmspülung (meist ausgeführt mit Trichter und Schlauch): Die Pflegerin hat eine Gummischürze vorgebunden. Das mit dem Oberkörper zugedeckte, mit Strümpfen versehene Kind liegt in Rückenlage quer entweder im Bett oder auf dem Wickeltisch. Eine wasserdichte Unterlage, unter das Gesäß des Kindes geschoben, hängt zum Ablaufen des Spülwassers in einem Eimer. Das Kind wird mit an den Bauch angezogenen Oberschenkeln und gebeugten Knien gehalten. Nach dem etwa 10 cm weiten, unter Drehbewegungen erfolgenden Einführen der eingefetteten weichen Sonde in den Darm wird der mit der Spülflüssigkeit gefüllte Trichter (2—300 ccm lauwarmen Wassers oder Kamillenaufgusses) nach Entfernung der Luft aus dem Schlauche mit der Darmsonde verbunden. Stößt die Pflegerin schon bei Einführen der Darmsonde auf ein Hindernis (Schleimhautfalte, Kotballen), so hat sie die Spülflüssigkeit schon während des Einführens der Sonde laufen zu lassen. Die Druckhöhe soll im allgemeinen nicht mehr als ca. 1 m betragen und richtet sich in ihrer Regulierung nach dem stärkeren oder schwächeren Pressen des Kindes. Nach Einfließen der Spülflüssigkeit wird der Trichter langsam gesenkt, bis die Spülflüssigkeit mit Darminhalt in den darunter stehenden Eimer gelaufen ist. Die Spülung wird wiederholt, bis das abfließende Spülwasser klar ist.

Tröpfcheneinlauf (Tropfinstillation) wird angewandt, um Wasser, Salzlösung oder eine Nährflüssigkeit langsam tropfenweise in den Darm einlaufen zu lassen. Durch einen zwischen Irrigatorschlauch und Darmschlauch befindlichen einfachen Absperrhahn aus Hartgummi kann das Einlaufen reguliert werden. An Stelle dieses Hahnes kann ein eigenes dazu konstruiertes Pipettenglas mit Hahn oder eine Schraubenklemme eingeschaltet werden. In Anstalten ist meist ein besonderer Apparat[1]) — der sogenannte Tropfinstillationsapparat — in Verwendung.

Das Tropfklysma ist meist als sogenanntes Dauerklysma während mehrerer Stunden im Gebrauch. Dabei wird die eingeführte Darmsonde mit einem 20 cm langen, 1 cm breiten, einmal um dieselbe herumgelegten Heftpflasterstreifen an den Gesäßbacken des Kindes befestigt. Man läßt in der Minute ungefähr 30—40 Tropfen einlaufen.

---

[1]) Zu beziehen bei der Firma Altmann, Berlin, Luisenstr.

Magenspülung bzw. **Aushebung** findet im Bett, auf dem Wickeltisch oder bei größeren und sich sträubenden Kindern auf dem Schoße der Pflegerin (siehe Untersuchung Seite 82) statt. Das Kind ist in ein Laken und zum Schutze gegen Durchnässung in einen darüber liegenden Gummistoff eingeschlagen, dessen unterer Rand in einen am Boden stehenden Eimer hängt.

Die Pflegerin hat einen Trichter, einen 1 m langen Gummischlauch mit s p i t z auslaufendem Glasverbindungsstück, eine 6—8 cm starke Magensonde, körperwarme vom Arzt bestimmte Spülflüssigkeit in einem möglichst graduierten Gefäß und ein Auffangegefäß vorbereitet. Die Ausführung der Spülung ist Sache des Arztes.

Die sogenannte **Punktion** und **Probepunktion** werden ebenfalls nur vom Arzte ausgeführt. Bei diesen Eingriffen ist besonders die zweckmäßige Haltung des Kindes durch die Pflegerin für den Erfolg von höchster Wichtigkeit. Die Instrumente werden nach den bekannten Methoden sterilisiert, bereitgelegt, und die gewählte Hautstelle wird nach einer bestimmten Art desinfiziert. Es ist für die erfahrene Pflegerin etwas Selbstverständliches, daß sie in keiner Weise die Einstichstelle wie auch die einmal ausgekochten — sterilen — Instrumente mit der nicht sterilen Hand oder irgend einem nicht sterilen Gegenstand berührt.

Punktion des Brustfellraums: Die Pflegerin steht vor dem sitzenden Kinde; der Arm der erkrankten Seite wird über den Kopf gehalten.

Lumbalpunktion: Das Kind befindet sich in linker Seitenlage oder in hockender Sitzstellung dicht am Bettrand. Der Kopf wird mit der linken Hand tief zwischen die Schultern gebeugt, die gekrümmten Knie fast berührend, die am Gesäß angelegte Hand krümmt gleichzeitig den Rücken zum „Katzenbuckel". Das Kind wird möglichst fest in dieser Stellung gehalten.

Lagerung bei Erkrankung der Atmungsorgane. Der Oberkörper des Kindes ist durch eine stellbare Rückenlehne oder durch eine Fußbank in bekannter Weise hochgelagert. Unterhalb der Schulterblätter wird in der Gegend der mittleren bis unteren Brustwirbelsäule ein zusammengerolltes Kissen oder eine zusammengerollte Windel untergeschoben. Dadurch werden das Einsinken des Kopfes zwischen die Schulterblätter und die dadurch hervorgerufene Behinderung der Atmung vermieden. Um ein Herunterrutschen des Körpers zu verhindern, wird in die Kniekehlen eine dünne Rolle aus zusammengelegten Windeln eingeschoben.

Das Kind liegt möglichst auf der kranken Seite; die Lage ist jedoch häufig zu wechseln. Das Kind ist viel herumzutragen; ferner ist auch zwischen Bauchlage, seitlich liegender oder sitzender Stellung auf dem Arm der Pflegerin abzuwechseln.

Lagerung bei Ausfluß aus den Augen bzw. aus den Ohren: Das Kind liegt auf der Seite des kranken Auges bzw. Ohres. Das aufgelegte bzw. eingeführte Gazestück ist häufig zu wechseln. Bei Wundsein der Ohrmuschel durch erbrochene Massen wird das Kind auf die Seite des gesunden Ohres gelagert.

Anwendung von Wärmekrügen (Weißbierflaschen): Vor Gebrauch hat die Pflegerin sich von der Dichtigkeit der Flasche zu überzeugen. Sie stellt dazu die mit heißem, nicht mit kochendem Wasser bis zu $3/4$ des Inhalts gefüllte und mit Patentverschluß versehene Flasche auf den Kopf und beobachtet, ob sie dicht hält. Es sind Fälle von gräßlichen Verbrennungen bekannt, wobei ein Glied amputiert werden mußte, da das Kleine zu schwach war, um selbständig Händchen und Füßchen wegziehen zu können. Die Wärmeflasche wird mit einer aus dickem, wollenem Stoff bestehenden Hülle versehen oder mit einer Windel umwickelt und so ins Bett gelegt, daß der Verschluß kopfwärts liegt und das in der Mitte des Bettes lagernde Molton zwischen Kind und Wärmeflasche zu liegen kommt. Bei Anwendung von mehreren Wärmeflaschen zu gleicher Zeit werden diese zu beiden Seiten des Kindes, an den Füßen und am Kopf gelagert. Die Wärme hält sich ungefähr $1\frac{1}{2}$—2 Stunden. Bei mehreren Flaschen hat die Erneuerung hintereinander stattzufinden.

Die verschiedenen Arten der Packungen und Umschläge: Die Wasserbehandlung. Vom Wasser wird heutzutage bei der Krankenbehandlung der ausgiebigste Gebrauch gemacht. Das Vöglein, das am Teichesrand mit seinen Flügeln plätschert, das Tier, das seine Wunde im Flusse kühlt, mußten uns nach langer wasserscheuer Zeit den richtigen Weg weisen. Jetzt haben zahlreiche Gelehrte die Wirkung des kalten und warmen Wassers auf die Haut und die Organe genau studiert. So wohltätig jene Wirkung bei richtiger Anwendung ist, so schädlich kann ihre unvernünftige Handhabung werden, wie sie sich beispielsweise der Laie aus den Büchern der sog. „Naturheilkunde" zurechtlegt. Selbst die geübteste Pflegerin hat bei genauer Befolgung der ärztlichen Vorschriften so viel zu bedenken, so sehr die Wirkung auf den kranken Körper zu überwachen, daß man sagen kann: Die

Ausführung einiger wichtiger Handgriffe und ärztlicher Verordnungen.

Wasseranwendung ist eins der segensreichsten, aber auch eins der schwierigsten Kapitel in der Krankenpflege.

Eine Abhärtung des Säuglings soll nur darauf gerichtet sein, eine Verweichlichung zu verhüten. Parforcekuren sind hier noch viel gefährlicher als beim Erwachsenen. Will man etwa vom 4.—5. Monat ab nach dem Bade das Kind mit einem nassen zimmerkalten Tuche schnell abreiben, oder die abendliche Ganzwaschung mit allmählich immer kühlerem Wasser vornehmen, so wird dies vielleicht von einigem Vorteil sein, darf jedoch nur auf ausdrückliche Anordnung des Arztes geschehen.

Ein vorzügliches Abhärtungsmittel ist das vorsichtig angewandte Luft- und Sonnenbad. Bei letzterem ist die Haut durch Einfetten vor Sonnenverbrennung zu schützen.

Zur Stärkung der Muskulatur wird regelrechte Massage sehr vorteilhaft angewandt, die am zweckmäßigsten unter fachmännischer Leitung erlernt wird. Dies alles darf jedoch nur auf ärztliche Anordnung vorgenommen werden.

In Krankheitsfällen sind **Bäder** der verschiedensten Temperaturabstufungen und Zeitdauer möglich, je nach dem Zweck, der erreicht werden soll. Fragen Sie den Arzt jedesmal genau nach den Einzelheiten. Beobachten Sie während und nach der Ausführung sorgfältig Allgemeinbefinden, Hautfarbe und Puls, damit Sie ausführlich über die Wirkung berichten können.

Der feuchtwarme hydropatische Umschlag: Man breitet auf dem Bett oder Wickeltisch ein Flanell- oder wollenes Tuch, darüber ein Stück wasserdichten Stoffs (Guttapercha, Billrothbatist ob. dgl.) aus. Darüber breite man ohne Falten ein vierfach zusammengelegtes, in kühles (stubenwarmes) Wasser getauchtes und wieder gut ausgedrücktes, nicht mehr tropfendes Tuch aus, lege das Kind mit dem erkrankten Körperteil darauf, schlage nach beiden Seiten nicht zu fest über und befestige mit den am Flanelltuch angehefteten Bändern. Das Stück wasserdichten Stoffs muß das feuchte Tuch um 3 Finger breit überragen. Der Umschlag bleibt 3—4 Stunden, oft auch länger liegen.

Unter dem wasserdichten Abschluß bildet sich infolge der Körpertemperatur alsbald eine warme Dunstschicht, welche die Hautgefäße erweitert und damit viel Blut in die Oberfläche des umwickelten Gebietes lenkt. Dadurch werden Schmerzen gelindert, Krankheitsstoffe aufgesaugt und die Heilung gefördert. Gleichzeitig wird auch den tieferen Organen Blut entzogen, was ebenfalls vielfach erstrebt wird. Wegen der starken Erwärmung und ungenügenden Verdunstung ist dieser Umschlag bei hohem Fieber nicht empfehlenswert.

Er ist wegen der manchmal bei längerem Gebrauch eintretenden Erweichung der Haut nicht so zu empfehlen, wie der **Prießnitz=Umschlag**. Wird bei den feuchtwarmen Umschlägen der undurchlässige Stoff fortgelassen, so entsteht der Prießnitzumschlag. Die Art des Anlegens ist die gleiche. Die Wirkung dieses Umschlages ist ähnlich der des feuchtwarmen Umschlages, indem zuerst durch Zusammenziehung der Hautgefäße eine Wärmeentziehung eintritt, wobei das Blut nach dem Innern fließt, und dann bei Erweiterung der Blutgefäße eine Wärmeerzeugung, wobei das Blut wieder nach außen strömt.

Zu diesen Umschlägen, deren Anwendung am besten im praktischen Dienst erlernt wird, werden meist besonders zugeschnittene Stücke Stoffs gebraucht. Beim Abnehmen der Umschläge wird der Körperteil, auf dem sie gelegen haben, in weitem Umfange mit Schwämmen, Wattestücken oder Kompressen, die in kühlem (22°) oder lauem Wasser stark ausgedrückt sind, schnell abgewischt. Sodann wird die Stelle leicht gerieben und mit einem warmen Tuch oder warmer Watte bedeckt. Nach dem Abnehmen sollen sich die Umschläge heiß anfühlen, womöglich dampfen. Werden die Umschläge längere Zeit angewendet, so muß die Haut bei jedesmaligem Wechsel sauber mit lauwarmem Wasser gewaschen und möglichst eingefettet werden, damit nicht Geschwüre entstehen.

Breiumschlag: Leinsamenmehl oder Hafergrütze werden zu einem dicken Brei gekocht (2 Eßlöffel auf einen halben Liter Wasser), und in ein sackartig zusammengelegtes Tuch eingeschlagen, zu einem Umschlag geformt. Das Ganze wird mit einem wollenen Wickel befestigt.

Man richtet sich am besten 2—3 solcher Umschläge her und tauscht einen kühl gewordenen gegen einen über kochendem Wasser in einem zugedeckten Sieb oder in einem sogenannten Kataplasmawärmer erhitzten aus. Die Haut ist durch Oleinreibung vor Verbrennung zu schützen. Die Erneuerung erfolgt etwa alle Stunde (feuchte Wärme).

Trockene Wärme stellt man sich am besten durch Anwendung von heißen Sandsäcken her.

Abkühlungspackungen:

Ganzpackung. Auf einer großen wollenen Decke werden zwei in Wasser von ca. 23° getauchte, gutausgerungene große Windeln glatt ausgebreitet und zwar so, daß die kopfwärts liegende die über ihr liegende fußwärts gelegene um ungefähr 10 cm überragt. Die letztere wird unter den Armen hindurch um das nackte Kind herumgeschlagen — die Arme fest über der Windel dem Körper angelegt — und sodann wird die kopfwärts liegende Windel über den Schultern bis zum Halse um das Kind gewickelt und die Wolldecke fest herumgeschlagen. Gegen das unangenehme Reiben der Wolldecke am Kinn wird ein trockenes weiches Leinentuch untergelegt. Bei schwächlichen Säuglingen, die schon an sich kalte Glieder haben, werden diese nicht mit eingepackt.

Die Packung bewährt sich besonders bei hochfieberhaften Krankheiten; sie soll so rasch als möglich vor sich gehen, ihre Dauer 10—30 Minuten betragen. Sie wird meist mehrmals hintereinander wiederholt, und am zweckmäßigsten bereitet man sich dazu eine zweite Stofflage sofort vor.

Teilpackung: Die Stofflage — Wolldecke, Leinentuch — wird den bestimmten Körpergegenden (Brust, Arm, Kopf u. a.) angepaßt vorbereitet. Die Packung wird wie oben angegeben ausgeführt.

Auf folgendes ist besonders zu achten. Der kalte Wickel erfüllt nur dann seinen Zweck, wenn der Kranke nach den anfänglichen Kälteschrecken sich nach einigen Minuten darin wohl fühlt, wenn die anfangs zusammengezogenen Hautgefäße sich wieder erweitern, die Haut sich rötet, und in diesem Zustande das Blut abgekühlt werden kann. **Fröstelt der Patient jedoch, und bleibt seine Haut sehr blaß, oder wird sie gar bläulich, so ist er sofort herauszunehmen,** da das nicht abgekühlte Blut sich im Körperinnern staut und sich noch mehr erhitzt.

Die Packung ist nur auf ärztliche Verordnung hin auszuführen und es ist dabei ständige aufmerksame Beobachtung erforderlich. Nach Abnehmen der Packung ist wie bei den Umschlägen zu verfahren.

Erwärmende Packung: Auf einer wollenen Decke wird ein in warmes Wasser getauchtes, gut ausgerungenes nicht tropfendes Laken glatt gelegt; dann wird das entkleidete Kind darin eingehüllt und in ein angewärmtes Bett gelegt.

Die Packung ist möglichst alle Viertelstunde eine Stunde lang bis zur Feststellung normaler Körpertemperatur zu erneuern.

Schwitzpackung: Bei längerem Liegenlassen der abkühlenden Packungen wirken diese schweißtreibend als Schwitzpackung. Man kann die Schwitzpackung auch folgendermaßen vornehmen:

Nach einem kurzen heißen Bade von einer Temperatur bis zu $40°$ Celsius wird das Kind in ein in das Badewasser getauchtes und gut ausgedrücktes nicht mehr tropfendes Laken gewickelt und in einer wollenen Decke in ein mit Wärmflaschen gewärmtes Bett gelegt. (Siehe Seite 88.) Der Hals wird durch ein Leinentuch gegen das Reiben der Wolldecke geschützt. Dann wird das Kind gut zugedeckt und bekommt möglichst heißen sacharingesüßten Tee zu trinken. Die Dauer dieser Packung richtet sich je nach ihrer Wirkung und soll vom Augenblick des Schweißausbruches nicht mehr als eine Stunde betragen. Nach Beendigung der Schwitzpackung muß das Kind gut frottiert bzw. mit Franzbranntwein abgerieben werden.

Senfpackung: 3—4 Hände voll möglichst frisch gemahlenen Senfmehls werden mit heißem, nicht kochendem Wasser zu einem Brei verrührt und mehrere Minuten zugedeckt stehen gelassen, bis der Senfdunst „beißend" aufsteigt.

Verzögert sich das Entstehen der Senfdämpfe, so kann man einige Tropfen Essig oder Essigsäure zur Beschleunigung in den Senfmehlbrei gießen.

Während des Ziehens des Senfmehlbreis legt man sich eine wollene Decke, darauf ein Kinderlaken, darauf ein der Größe des Kindes entsprechendes Stück wasserdichten Stoffs (Billrothbatist, Mosetig) am besten auf einem Wickeltisch oder einem Bett zurecht.

In zwei in warmes Wasser getauchte, ausgerungene und mit dem noch warmen Senfbrei in mäßig dicker Lage bestrichene Windeln wird das vorher entkleidete Kind, wie bei der Ganzpackung Seite 90 beschrieben, eingeschlagen und in die vorher zurechtgelegten Decken bis zum Halse eingehüllt.

Wunde Stellen sind vorher mit Salbenläppchen zu bedecken; die Geschlechtsteile bei kleinen Mädchen durch Tupfer zu schützen, die Ohren mit Watte zu verstopfen. Um den Hals wird ein in lauwarmes Wasser getauchtes und ausgerungenes Tuch gelegt. Man läßt das Kind so lange in dieser Packung liegen, bis man sich durch Abheben überzeugt hat, daß die Haut rot geworden ist, reinigt es in einem gewöhnlichen warmen Bade von den ihm anhaftenden Senfteilchen und läßt es — in ein Badetuch gewickelt — unter Anwendung von Wärmflaschen im Bett nachschwitzen. Die Packung darf nur auf Anraten des Arztes und möglichst in seiner Gegenwart gemacht werden.

Senfwickel: Der Senfbrei wird wie vorher angerührt, heiß als dicker Brei zwischen 2 Mullwindeln ausgestrichen und eingewickelt. Das Ganze wird wie ein gewöhnlicher feuchtwarmer Umschlag dem Kinde auf den bestimmten Körperteil gelegt. Die Dauer des Wickels geht bis zur Rötung der Haut bzw. $1/2 - 3/4$ Stunde.

Nach Abnahme ist die Haut mit lauwarmem Wasser abzuwaschen und leicht einzufetten. Auch der Senfwickel darf nur auf Anraten des Arztes und möglichst in seiner Gegenwart gemacht werden.

Medizinische Bäder: Vorausschicken wollen wir, daß die Zusammensetzung und Zeitdauer aller dieser Bäder in jedem einzelnen Falle vom Arzte zu bestimmen sind.

Salzbäder: Auf ein Säuglingsbad von 50 Liter gibt man Seesalz oder Staßfurtersalz in steigenden Mengen bis zu einem Pfund. Hautreizungen sind sofort dem Arzte zu melden.

Kleiebad: 1 Pfund Weizenkleie wird in einem Leinenbeutel mit einem Liter Wasser eine halbe Stunde gekocht, dann wird der Beutel in ein Bad von ca. 38° gehängt. Das Bad ist gebrauchsfertig, wenn das Wasser sämig ist und die Temperatur, wie bei jedem Bade, 35° beträgt.

Kamillenbad: 1/2 Pfund Badekamillen werden mit 2—3 Liter Wasser 10 Minuten gebrüht, durchgeseiht und dann wird das Kamillenwasser einem gewöhnlichen Bade zugesetzt, oder die Badekamillen werden in einem Beutel mit kochendem Wasser übergossen, nach 10 Minuten wird das Kamillenwasser dem Bade zugesetzt und der Beutel im Bade ausgedrückt.

Eichenrindenbad: 1 Pfund Eichenrinde wird mit einigen Litern Wasser 2 Stunden gekocht, durchgeseiht und die Brühe dem Bade zugesetzt.

Tanninbad: 50 g werden dem Bade zugesetzt.

Alaunbad: 20 g werden dem Bade zugesetzt.

Schwefelbad: 20 g Schwefelleber werden in einem Tassenkopf warmen Wassers aufgelöst und dann dem Bade zugesetzt. Keine Metallwanne, sondern Holzwanne.

Senfbad: 3—5 Hände voll möglichst frisch gemahlenen Senfmehls werden, wie bei der Senfpackung beschrieben (Seite 92) angerührt und dem Badewasser zugesetzt. Im Bade wird der Körper des Kindes gerieben, bis die Haut rot ist. Vor dem Bade sind die Ohren des Kindes zu verstopfen, im Bade ist ein nasses Tuch vor das Gesicht zum Schutz gegen die Dämpfe zu halten. In einem anderen Bade von normaler Badetemperatur wird das Kind von dem an ihm haftenden Senf befreit.

Übermangansaures Kalibad: Von einer starken wässerigen Lösung der schwarzroten Kryſtalle (1—2%) wird bis zur rosaroten Färbung dem Badewasser zugesetzt.

Sublimatbad: Eine Sublimatpastille von 1 g wird in einer geringen Menge warmen Wassers aufgelöst und diese Lösung dem Badewasser zugesetzt.

Übermangansaures Kali und Sublimat sind Gifte. Damit nichts verschluckt wird, ist der Kopf des Kindes im Bade hochzuhalten. Deshalb legt möglichst eine zweite Pflegerin ihre linke Hand unter das Kinn des Kindes und hält zur Vermeidung vor Bewegungen mit ihrer rechten Hand die Hände des Kindes fest.

Abgußbad: Das entkleidete Kind wird mit durch Watte verstopften Ohren in ein gewöhnliches Bad gesetzt, das man durch Hinzufügen von heißem Wasser vom Fußende aus auf eine Temperatur von 40° Celsius erwärmt. Nach kräftigem Reiben der Haut wird das Kind aus dem Wasser herausgehoben, und ihm möglichst von einer zweiten der ersten gegenüberstehenden Pflegerin ein kalter Guß von etwa $1/2$ Liter Wasser über die Brust verabfolgt. Durch Vorhalten ihrer rechten Hand vor den Mund des Kindes schützt die erste Pflegerin das Kind vor dem Wasserschlucken. Nach wiederholtem Reiben der Haut und tüchtigem Aufschreien wird das Kind wieder bis zum Halse untergetaucht, in Bauchlage gebracht und ebenso abgegossen. Ein dritter Abguß auf die Brust folgt dann wieder nach abermaligem Umdrehen. Nach erfolgtem Aufschreien und Untertauchen wird das Kind aus dem Bad herausgenommen, abgetrocknet, angezogen und ins Bett gelegt. Auf besondere ärztliche Verordnung kann das Kind noch im nassen Badetuch nachschwitzen. Frühgeburten, wenn sie sehr schwächlich sind, werden nicht abgegossen, sondern mit der in kaltes Wasser getauchten Hand der Pflegerin abgespritzt.

Schmierseifeneinreibung: Ein haselnußgroßes Stück medikamentöser Schmierseife wird auf der vorgeschriebenen Stelle des Körpers etwa 10 Minuten lang mit der Hand bis zur Rötung der Haut verrieben. Der entstehende Schaum wird in einem Bade abgespült. Dauer und Häufigkeit der Einreibung bestimmt der Arzt, dem sofort starke Reizung der Haut zu melden ist.

Eingeben von Medikamenten: Feste oder pulverförmige Medikamente werden in wenig Flüssigkeit (Wasser, Milchmischung) gelöst bzw. angerührt. Die schlecht schmeckenden werden mit Saccharin, Himbeersaft u. dgl. gesüßt.

Das Eingeben erfolgt mit möglichst geringer Menge Flüssigkeit mittels Löffel, Pipette, Schnabeltasse oder aus der Flasche bei mäßig erhöhtem Kopf, indem die Pflegerin durch Druck von Daumen und Zeigefinger den Mund des Kindes öffnet.

Einspritzungen von Arzneilösungen unter die Haut (subkutane Injektionen): möglichst nur auf Anordnung des Arztes mit einer 1 ccm-Spritze. Diese soll aus Glas mit Metallfassung bestehen und mit einem eingeschliffenen Metallkolben versehen sein. In neuester Zeit werden meist die sogenannten „Rekordspritzen" verwandt. Die einzelnen Teile und die möglichst feine Nadel — diese zur Vermeidung einer Verstopfung mit feinem Draht (Mandrin) — werden vor dem Gebrauch sterilisiert und mit desinfizierten Händen zusammengesetzt. Das Medikament wird aufgesogen, die in der Spritze noch vorhandene Luft durch Druck auf den Stempel herausgedrängt und die gewählte Hautstelle mit einem Desinfiziens gereinigt. Nach seitlicher Verschiebung der Haut erhebt die Pflegerin mit der linken Hand eine Hautfalte an der Streckseite der Arme oder der Beine, an der Brust, am Bauch, sticht in deren Längsrichtung zum Herzen zu schnell ohne zu bohren wagrecht ein und drückt mit der rechten Hand langsam den Inhalt heraus, wobei die linke Hand die Nadel an ihrem Ansatz festhält. Nach schnellem Herausziehen der Nadel wird die entstehende Quaddel mit einem kleinen Bausch Watte oder Gaze leicht verstrichen, die Stichöffnung mit einem kleinen Stückchen Gaze bedeckt und mit einem Pflaster verschlossen. Die wichtige Ausrechnung der einzuspritzenden Arzneilösung muß die Pflegerin gründlich im praktischen Dienst erlernen.

Kochvorschriften.

Schleim ist eine Abkochung von Getreidekörnern.

Verwendet werden: H a f e r, gequetscht als Haferflocken, geschrotet als Hafergrütze. G e r s t e, als verarbeitete Gerstenkörner, das sind Rollgerste oder Graupen. W e i z e n, zerkleinert und geschält als Grieß. R e i s.

Je nach dem Alter bzw. der gegebenen Vorschrift ist die vorgeschriebene Getreideart tee- bis eßlöffelweise auf 1 Liter Wasser zu verwenden. (Siehe Tabelle Seite 43.) Man weicht die bestimmte Menge ein, setzt sie dann mit der für die betreffende Verordnung notwendigen Menge Wassers an, läßt Schleim von Flocken 20—25 Minuten, solchen von Grütze und Grieß 40—50 Minuten, solchen von Graupen und Reis 2—3 Stunden kochen, gießt das Ganze durch ein Sieb und ersetzt die durch Kochen verdunstete Menge Wasser.

Mehlabkochungen sind Abkochungen von Mehlarten.

Verwendet werden: Weizenmehl, Hafermehl, Roggenmehl, Kartoffelmehl, Reismehl, Maismehl, im Handel als Maizena und Mondamin.

Man verquirlt 2—3 Eßlöffel Mehl mit einer kleinen Menge kalten Wassers (zirka $1/4$ Liter) und gibt die ganze Menge zu dem Rest des zum Kochen gebrachten Liter Wassers, läßt gegen 10 Minuten kochen, gießt durch ein Sieb und ersetzt die durch Kochen verdunstete Menge Wasser.

	Teelöffel g	Kinderlöffel g	Eßlöffel g
Haferflocken*)	3	5	8
Hafergrütze	4	10	14
Graupen	5	11	19
Grieß	3	7	14
Reis	5	8	16
Weizenmehl	3	6	10
Hafermehl	3	6	10
Reismehl	4	11	17
Maismehl	3	6	10
Kochzucker	4	10	15
Milchzucker	3	8	12
Nährzucker	3	7	12

Beikost.

Brühgrieß (Anfangsbeikost). In ungefähr 100 ccm — einer mittleren Tasse — Fleischbrühe wird ein Teelöffel Grieß = 3 g aufgekocht.

*) Zum Abwiegen der festen Substanzen dient eine sehr praktische nach Art der Briefwage konstruierte Wage nach Peyser, die bei M. Pech-Berlin bezogen werden kann.

Die oben angegebene Tabelle gibt einen ungefähren Anhalt für das im Haushalt gebräuchliche Abmessen mit Löffeln. Bezogen ist auf den gestrichenen Löffel.

Fleischbrühe ist eine Abkochung von beliebiger Art Fleisch (Rind-, Kalb-, Geflügel oder Knochen). In einem Liter kalten Wassers werden $1/4$ Pfund Fleisch oder $3/4$ Pfund Knochen 45 Minuten gekocht. Die Abkochung wird mit dem Löffel abgeschöpft und durch ein Sieb gegossen. Steht Fleischbrühe nicht zur Verfügung, so nimmt man statt dessen Gemüsewasser oder reines Wasser und fügt ein walnußgroßes Stück Butter und etwa einen halben Teelöffel Salz hinzu.

Grießbrei: Feiner Grieß wird mit Milch, 10 g auf 100 ccm, 20 Minuten zu einem Brei verkocht; dazu werden auf 100 g 6 g Zucker und eine Prise Salz getan.

Reisbrei: 1 Eßlöffel gewaschener Reis wird ungefähr 1—1 $1/2$ Stunden mit 200 ccm Wasser, Milch oder Fleischbrühe bis zum vollkommenen Weichwerden gekocht, durch ein Sieb gestrichen und mit einer Prise Salz und einem walnußgroßen Stück Butter angerichtet.

Milchreis: 1 Eßlöffel gewaschener Reis wird mit 200 g Milch unter ständigem Umrühren ca. 1—1 $1/2$ Stunden weich gekocht, durch ein Sieb gestrichen, nochmals aufgekocht, und unter Hinzufügung einer Prise Salz mit 1 Teelöffel Kochzucker abgeschmeckt. Ein Stück zerlassene Butter kann darüber geträufelt werden.

Zwiebackbrei: 3—4 Zwiebäcke (gewöhnlicher Zwieback, Friedrichsdorfer-, Potsdamer-, Hohenlohe-, Opel- usw.) werden mit kochendem Wasser übergossen und durch ein Sieb durchgerührt. Auf besondere Verordnung kann dem Brei Milch, Zucker oder Butter zugesetzt werden.

Kartoffelbrei: Wie für Erwachsene, doch können zweckmäßigerweise gegen 200 ccm Milch zugesetzt werden.

Kastanienbrei: 12—14 echte Kastanien werden $1/4$ Stunde in Wasser gekocht. Dann werden die Schalen entfernt und die Kastanien unter Hinzufügen von einem Eßlöffel Zucker in leicht gebräunter Butter gebräunt, geschmort, durch ein Sieb gestrichen und nochmals aufgekocht.

Apfelreis: 2 Eßlöffel Reis, 3 kleine Äpfel, werden mit einem Kinderlöffel Kochzucker und einer Prise Salz in einem halben Liter Wasser weich gekocht und durchgerührt.

Makkaroni oder Nudeln: 50 g Makkaroni oder 50 g Nudeln werden in $3/4$ Liter Wasser und einer Prise Salz etwa $3/4$ Stunden gekocht und nach Abgießen möglichst durchgerührt. Ein walnußgroßes Stück Butter kann hinzugefügt werden.

Gemüse: Bei allen Gemüsen, mit Ausnahme der Kohlarten, ist das Gemüsewasser nicht wegzugießen, sondern in einem besonderen Topf bis auf eine kleine Menge einzukochen und dem weichgekochten und durch ein feines Sieb möglichst zweimal gestrichenen Gemüse zuzusetzen. Man kann dem Gemüse eine Prise Salz zufügen. Für den Anfang ist besonders Spinat zu empfehlen. Man setzt ihn am besten zuerst in kleiner Menge (½ Teelöffel) dem Brei zu; allmählich sind auch die übrigen Gemüsearten wie Mohrrüben, Erbsen, Spargel, Schwarzwurzel, Blumenkohl, grüner Salat, Sellerie, Brennessel, Porree, Mangold, Tomaten usw. in der angegebenen Weise erlaubt.

Kompott: Alle Kompottarten sind in Mußform zu geben, ohne die für Erwachsene angegebenen Gewürze, nur mit Zucker gesüßt.

Obstsaft: Von frischen Beeren, Apfelsinen, Weintrauben usw. drückt man den Saft durch und gibt ihn teelöffelweise nach ärztlicher Verordnung. Man süße zirka 20 g mit ¼ Tablette Saccharin.

Quark (weißer Käse): Man verrühre frischen weißen Käse mit Milch oder Sahne, streiche ihn dann durch ein Sieb und verfüttere ihn mit Obstsaft oder zerriebenem Zwieback und Zucker als Brei.

Tee: 1 Teelöffel = 5 g russischen oder Pfefferminztee übergießt man in einem Topf mit einem Liter kochenden Wassers, läßt ihn einige Minuten ziehen, bis die Farbe hellgelb ist, und gießt den Aufguß durch ein Sieb. Wird Fencheltee verwandt, so ist ein Eßlöffel Fenchelkörner auf 1 l Wasser zu nehmen, einige Minuten aufzukochen und ebenfalls durch ein Sieb zu gießen.

Gesüßt wird möglichst mit Saccharintabletten, auf einen Liter 4 Tabletten (à 0,05 Saccharin).

Statt Tee kann auch abgekochtes Wasser genommen werden.

Heilnahrungen:

Diese sind niemals von der Pflegerin selbständig zu geben, sondern nur nach ärztlicher Verordnung und Vorschrift zu verabfolgen.

Eiweißmilch: In Blechdosen oder in Flaschen im Handel. Die Flaschen sind mit blauem Verschlußstreifen geschlossen. Die Eiweißmilch ist in den Gefäßen meist doppelt konzentriert und muß nach ärztlicher Vorschrift unter Hinzufügung der auch vom Arzte zu verordnenden Menge Soxhletnährzucker verdünnt werden. Wenn die Pflegerin einmal gezwungen ist, die ärztlicherseits verordnete Eiweißmilch selbst herzustellen, so verfährt sie am zweckmäßigsten folgendermaßen:

Ein Liter roher Vollmilch wird mit einem Eßlöffel Simons Labessenz versetzt und eine halbe Stunde im Wasserbade von ca. 42° Celsius stehen gelassen. Den entstandenen Käseklumpen bringt man in ein Säckchen aus Seihtuch und läßt die Molke ohne Pressen ablaufen. Am besten hängt man das Säckchen dazu eine Stunde lang auf. Dann wird der Käse unter sanftem Reiben mittels eines Klöppels oder Löffels unter allmählicher Zugabe von $1/2$ Liter Wasser 4—5 mal durch ein feinstes Haarsieb gestrichen (nicht durchgedrückt!), bis eine sehr feine Verteilung erzielt ist. Der Käseaufschwemmung wird ein halber Liter Buttermilch zugesetzt. Behufs Sterilisation wird die Mischung kurze Zeit aufgekocht; die dabei drohende Gefahr des Klumpens ist nur vermeidbar, wenn während der ganzen Zeit der Erwärmung die Flüssigkeit stark geschlagen wird. Dazu eignet sich sehr gut der in der Küche zur Herstellung von Schlagsahne und Eierschaum verwendete, mit Zahnrad versehene Schaumschläger. Die verordneten Zucker- oder Mehlzusätze werden, in wenig heißem Wasser gelöst und verkocht, schon während der Sterilisation beigegeben oder auch später erst der einzelnen Mahlzeit zugesetzt. Beim Anwärmen der Einzelmahlzeit ist stärkeres Erhitzen zu vermeiden. Feinste Verteilung des Käses ist unbedingt erforderlich.

Larosanmilch: 20 g Larosan (käufliches Eiweißpräparat) werden mit einer Tasse kalter Milch angerührt und mit dem Rest eines halben Liters kochender Milch verrührt. Das Ganze wird 5 Minuten unter ständigem Umrühren im Sieden erhalten, durchgeseiht und nach ärztlicher Vorschrift unter Zuckerzusatz verdünnt.

Buttermilchsuppe: Die Vorschrift zur Herstellung der Buttermilchsuppe ist folgende: Die dazu benutzte Buttermilch muß aus einer einwandfreien Molkerei bezogen werden. Man verrührt 10 g Weizenmehl mit einigen Eßlöffeln Buttermilch kalt, fügt den Rest eines Liters Buttermilch hinzu und läßt dann das Ganze unter stetem Umrühren dreimal aufwallen. Vor dem dritten Aufwallen fügt man 40 g (3 mäßig gehäufte Eßlöffel) Kochzucker zu. Die Suppe wird dann nach bekannter Art abgekühlt, kalt gestellt und verfüttert. Die Menge des Mehls und die Menge und Art des Zuckers können von Fall zu Fall vom Arzte abgeändert werden. Ebenso wie Eiweißmilch kommt Buttermilch mit Mehl und Zuckerzusatz als Konserve in den Handel. Die flüssige viel gebrauchte Konserve ist die sogenannte Bilbelmilch, die auch als holländische Säuglingsnahrung bekannt und in den Apotheken erhältlich ist.

Molke: Ein Liter rohe Vollmilch wird mit 1—2 Teelöffel Simons Labessenz auf dem Wasserbade nicht über 40 Grad erhitzt. Nach dem Dickwerden der Milch wird der Käse in einem Haarsieb abgeschüttet und dabei die Molke durchgegossen. Statt Labessenz kann auch ein anderes im Handel befindliches Labpräparat, z. B. Pegnin angewandt werden: 10 g Pegnin werden in 1 Liter Milch gut verrührt. Die Milch gerinnt bei einer Temperatur von 40° in kurzer Zeit; dann wird wie oben verfahren.

Malzsuppe:
I. In ⅓ l Milch werden 50 g Weizenmehl = 3 gehäufte Eßlöffel verquirlt und durchgeseiht.
II. In ⅔ l Wasser werden 100 g = 3 Eßlöffel Löfflunds Malzsuppenextrakt unter Erwärmen gelöst.

I und II werden nach bekannter Art abgekühlt, kaltgestellt und verfüttert. Die Menge der Zusätze kann je nach dem Fall vom Arzte abgeändert werden.

Schlußbemerkung.

Zum Schluß eine Bitte: Sollte Ihnen beim Durchsehen dieses Bändchens etwas aufgefallen sein, das in Ihrer Anstalt anders gehandhabt wird, so bedenken Sie, daß oft verschiedene Methoden das gleiche Ziel im Auge haben, und daß die örtlichen Verhältnisse und die verfügbaren Mittel nicht alles das auszuführen erlauben, was man gerne möchte. Vor allem aber lassen Sie sich nicht das Vertrauen zu Ihrem Arzte erschüttern! Bedenken Sie ferner, daß Ihre Sorge für das Kind nicht mit dem Abschluß des Säuglingsalters erlöschen darf; Sie müssen auch späterhin der Ernährung, Pflege und Erziehung des Kindes die größte Aufmerksamkeit schenken. Die theoretischen Kenntnisse für diese Aufgabe können Sie sich aus dem Büchlein über „Ernährung und Pflege des älteren Kindes"[*] erwerben, das als Fortsetzung des vorliegenden Buches gedacht ist.

[*] L. Langstein: Ernährung und Pflege des älteren Kindes (nach dem Säuglingsalter) in Hesses Verlag.

Anhang.

Besondere Anweisungen für Helferinnen von Fürsorgestellen und Ziehkinderorganisationen.
Von Dr. Effler, Ziehkinderarzt in Danzig.

Jede von Ihnen, die aus irgend einem Grunde ihre Tätigkeit in der Anstaltsfürsorge für Säuglinge verläßt, um in der sogenannten offenen Fürsorge in Familien untergebrachten Kindern ihre Kraft zu widmen, wird den größten Teil der ihr obliegenden Pflichten bereits erfüllen können, wenn sie die bisher gegebenen Ratschläge befolgt. Es ist wohl aber zweckmäßig, das Wesentlichste noch im Zusammenhange zu wiederholen:

Als Helferin kommen Sie in die Wohnung der ärmsten Bevölkerung. Es wird Sie, wenn Sie in einem nach hygienischen Grundsätzen geleiteten Krankenhause gearbeitet haben, zunächst das Gefühl völliger Ohnmacht überkommen, wenn Sie nun in häufigen Fällen Übelstände aller Art erblicken, zu deren Beseitigung Ihre Kraft Ihnen kaum ausreichend erscheinen wird. Es ist freilich ein großer Unterschied zwischen den sauberen Betten und dem gut gelüfteten, mit allen technischen Vollkommenheiten ausgestatteten Säuglingszimmer eines Heims und einer mitunter von der ganzen Familie bewohnten Säuglingsstube armer Leute, die oft schlecht gelüftet und unsauber ist und in keiner Weise hygienischen Anforderungen Rechnung trägt. Aber verzweifeln Sie nicht, auch in solchen Fällen ist es nicht selten möglich zu helfen und zu bessern, und alle Erfolge, die Sie gerade unter den schwierigsten Verhältnissen erzielt haben, werden Ihnen die größte Befriedigung gewähren.

Wenn Sie in die Häuslichkeit der armen Familien oder in Pflegestellen kommen, in denen eine Ziehmutter einen Säugling hält, so verschaffen Sie sich zunächst einen allgemeinen Überblick, um dann sich den Einzelheiten zu widmen.

Da müssen Sie zuerst einmal, nachdem Sie die Hausfrau freundlich begrüßt und mit dem wohlgemeinten Zweck Ihres Kommens vertraut gemacht haben, sich im allgemeinen über die wirtschaftliche Lage der Familie unterrichten. Durch teilnehmende Fragen werden Sie herausbekommen, ob etwa unverschuldete Not vorliegt oder der Ehemann träge oder gar ein Trinker ist, wie viele Kinder vorhanden sind, ob das Einkommen ausreicht, ob schon Armenunterstützung beansprucht wurde u. a.

So werden Sie erfahren, mit wem Sie es überhaupt zu tun haben, denn Sie müssen bedenken, daß Sie mit jeder Frau anders reden müssen. Wollen Sie auf sie in günstigem Sinne einwirken, so müssen Sie alles vermeiden, was die Frau verletzen könnte. Freilich ist ein ernstes Wort, auch eine energische Mahnung zu rechter Zeit angebracht, aber damit dies auch in richtiger Weise geschehen kann und die rechte Wirkung hat, müssen Sie die besondere Eigenart einer jeden Frau kennen. Diese Kenntnis ist nicht so leicht zu erwerben. Es gehören dazu viel Herz und Verstand und viel natürlicher Takt. Sind Sie dann mit der Hausfrau auf vertrautem Fuße, so sehen Sie sich zunächst einmal die Wohnung an. Ein Blick genügt, um zu bemerken, ob sie sauber gehalten wird, denn Sauberkeit ist, wie Sie wissen, eine Grundbedingung, wenn ein Säugling gedeihen soll. Ist Schmutz in den Winkeln, so pflegt auch der Säugling unreinlich gehalten zu werden. Weiterhin soll Sie Ihr Geruch leiten. Wie ist die Luft im Zimmer? Ist sie drückend, riecht es übel oder gar stockig? Ist das der Fall, so werden Sie sofort wissen, daß schlecht gelüftet wird, daß aus der Küche oder gar vom Abort Dünste in das Zimmer gelangen, oder aber auch, daß die Wohnung feucht ist, und Sie werden nun der Ursache nachzugehen suchen, wenn auch nicht sofort bei Ihrem ersten Besuche. Eine feuchte Wohnung rührt übrigens nicht immer nur davon her, daß die Außenwände schlecht gebaut und undicht sind, so daß der Regen sie durchnäßt, sondern häufig ist der Grund darin zu suchen, daß Wasserdämpfe aus der Küche ins Zimmer gelangen, oder daß feuchte Wäsche, besonders Windeln im Zimmer getrocknet werden, oder aber ungenügend gelüftet wird. Namentlich wenn schlecht geheizt wird, werden in nicht ausreichend gelüfteten Zimmern die Wände leicht feucht. Sie bilden dann einen Boden für die Ansiedelung von Pilzen, und diese bringen den eigentümlich stockigen Geruch hervor, der jedem beim Betreten einer derartigen Wohnung sofort auffällt und allen Sachen, Möbeln, Kleidungsstücken usw. anhaftet, die in einem solchen Zimmer waren. Noch mehr wird aber dieser unhygienische Zustand einer Wohnung begünstigt, wenn sie dunkel ist oder wenigstens nicht genügend Licht hat. Kellerwohnungen sind für Säuglinge daher stets bedenklich. Trockenheit, Luft und Licht sind die Grundbedingungen für eine gesunde Wohnung. Aber die Wohnung soll den Inhabern auch Schutz vor den Unbilden der Witterung schaffen, sie muß im Winter gut geheizt werden können, dagegen soll sie im Sommer wieder von den Sonnenstrahlen nicht so stark erwärmt werden, daß in ihr die Bewohner vor Hitze erschlaffen. Sie wissen ja, wie große Gefahren die Überhitzung gerade für die Säuglinge im

Anhang.

Gefolge haben kann, und werden weiterhin darauf zu achten haben, ob in der Umgebung der Wohnung viel Geräusch und **Unruhe** herrschen, die den Sinnen des jungen Kindes keine Erholung zuteil werden lassen, oder ob es gar in der Wohnung selbst ständig laut ist, etwa durch Heimarbeit mannigfacher Art, die Lärm verursacht. Und endlich tritt noch eine der wichtigsten Fragen an Sie heran: wieviel Luftraum jedem Bewohner zur Verfügung steht. Jeder Mensch braucht ein gewisses Maß guter Luft zur Atmung und besonders der Säugling. Ist die Zahl der Bewohner eines Zimmers im Verhältnis zu dem zur Verfügung stehenden Luftraum zu groß, so leidet darunter ihre Gesundheit. Das allergeringste Maß, das man für einen Erwachsenen fordern muß, sind 10 Kubikmeter, und für ein Kind unter 10 Jahren 5 Kubikmeter. Sie erhalten das Maß eines Zimmers, wenn Sie Längen-, Breiten- und Höhenmaß miteinander multiplizieren, also z. B. ein Zimmer von 6 m Länge, 4 m Breite und 3 m Höhe enthält $6 \times 4 \times 3 = 72$ Kubikmeter. In einem solchen Zimmer könnten also bei sehr geringen Ansprüchen zur Not 7 Erwachsene oder aber 6 Erwachsene und 2 Kinder leben. Es wird Ihnen aber ohne weiteres einleuchten, daß eine solche Zahl von Menschen in einem verhältnismäßig so kleinen Zimmer sich nicht sehr wohl fühlen kann. Die Höhe eines Zimmers soll übrigens nie unter $2^{1}/_{2}$ m betragen. Wenn Sie alle diese kurzen Angaben über die Anforderungen, die man an eine Wohnung stellen muß, sich merken, so werden Sie schon nach wenigen Wohnungsbesuchen imstande sein, sich ein Bild von der Beschaffenheit jeder Wohnung zu machen. Sie werden dann gut tun, sich ein Schema zurechtzumachen, in das Sie Ihre Wahrnehmungen einfach eintragen. Und selbstverständlich werden Sie allen Einfluß aufbieten, um schlechte Wohnungen auszumerzen, entweder indem die Leute ausziehen, oder die Wohnung baulich gebessert wird. Welche Mittel zu diesem Zweck nötig sind, können wir hier nicht im einzelnen angeben. Jeder Fall liegt anders, und Sie müssen nur darauf bedacht sein, das richtige Mittel zur Abhilfe in jedem Falle zu finden. Nunmehr gehört Ihre Aufmerksamkeit dem Säuglinge selbst. Sie treten an sein Lager und überzeugen sich von der Beschaffenheit des Bettchens. Erwarten Sie nicht von vornherein überall ein solches zu finden. Arme Leute haben dazu nicht die Mittel, und Sie müssen zufrieden sein, wenn ein Säugling auch einmal auf einem Lager ruht, das aus zusammengestellten Stühlen hergestellt ist, wenn das Lager, die Windeln und die übrige Wäsche nur zweckentsprechend sind, wie auf S. 19—25 geschildert. Immer aber muß das Kind ein eignes Lager haben. Es ist den Frauen immer einleuchtend, wenn Sie ihnen den Grund angeben, daß es ungesund ist, wenn das Kind die verbrauchte Ausatmungsluft eines Erwachsenen einatmen soll.

Während Sie das Lager besichtigen, hat die Mutter das Kind herausgehoben und entkleidet es nun auf Ihren Wunsch. Sie können sich dabei gleich ein Bild davon machen, ob es sauber gehalten und ob es richtig gekleidet ist. Besonders achten Sie darauf, ob es nicht zu warm gehalten oder gar gewickelt ist. Sie werden diesen Fehler häufiger finden als das Zukühlhalten. Das nackte Kind sehen Sie sich genau an. Durch die Besichtigung allein kann man eine Reihe von Krankheiten erkennen: als Folge von Überernährung fällt Ihnen ein dicker Leib bei dem Kinde auf neben Schlaffheit der Haut und Blässe des Gesichts. Sie werden Hautkrankheiten, wie das Wundsein, den Grind, wahrnehmen können. Auch die Rachitis muß Ihre Aufmerksamkeit erregen, wenn Sie ihre Hauptzeichen kennen. Am wichtigsten ist es aber, daß Sie auf die eitrige Augenkrankheit und die Syphilis achten. Haben Sie auf die letzte Krankheit Verdacht, so sorgen Sie sofort dafür, daß das erkrankte Kind in ein Säuglingskrankenhaus gebracht wird, damit es seine Umgebung nicht gefährdet. Während der Besichtigung richten Sie zweckmäßig noch einige Fragen an die Mutter oder Pflegemutter: über das Baden, die Mundreinigung (die zu unterbleiben hat!); lassen sich die letzte Windel zeigen usw. Wenn die Hausfrau Ihnen mit Vertrauen entgegenkommt, wird Sie Ihnen außerdem aus freien Stücken noch allerlei anders erzählen. Sorgen Sie stets für rechtzeitige ärztliche Behandlung! Diese Mahnung ist Ihnen schon gegeben worden, und da Sie ihren Grund wissen, werden Sie sie auch befolgen.

Vom Bett des Kindes gehen Sie dann zu der Stätte, wo die Nahrung aufgehoben wird; da werden Sie vieles entdecken, was zu Schädigungen des Kindes führen kann. Sie müssen dafür sorgen, daß die Milchmischung kühl steht, daß die Trinkflaschen stets sauber sind, ebenso wie die Sauger (einen Zuckerlutsch nehmen Sie mit humorvollen Worten am besten gleich fort), und daß die Milch früh eingekauft wird, so daß nichts über Nacht aufgehoben wird. Ganz besonders achten Sie auf alle diese Dinge vor dem Eintritt des Sommers. Die Art der Ernährung, die Trinkpausen, die Behandlung der Nahrung müssen Sie dann noch besprechen und dürfen auch nicht vergessen, darauf hinzuweisen, welche Nachteile ein Zuviel herbeiführt.

Sie werden erstaunt sein, wie oft Ihre Ratschläge von gutem Erfolge begleitet sein werden. Freilich nicht auf einmal, sondern langsam. Aber mit Geduld werden Sie vieles erreichen, was zuerst kaum möglich erschien. Die meisten Frauen würden sehr gern alles gut machen, es ist meist nicht übler Wille, der bei ihnen Verkehrtheiten hervorruft, sondern Unkenntnis. Und wenn sie merken, daß ihnen eine gut unterrichtete wohlmeinende Helferin zur Seite tritt, auf deren Rat sie sich verlassen können, so nehmen sie den Rat auch gern an und warten mitunter schon mit Sehnsucht auf einen neuen Besuch.

Es ist zum Schluß aber noch das Allerwichtigste hervorzuheben: überall, wo es irgend möglich ist, müssen Sie darauf bringen, daß die Brust gereicht wird. Und das ist in sehr viel mehr Fällen möglich, als Sie vielleicht zuerst glauben mögen. Am günstigsten ist Ihre Lage, wenn Sie die Mutter noch im Wochenbett antreffen, da können Sie sofort das Kind anlegen lassen und eindringlich mahnen, daß weiter gestillt wird. Bei unehelichen Müttern werden Sie es bisweilen erleben, daß sie nicht das Kind anlegen, weil sie bald nach dem Wochenbette zur Arbeit gehen. Sie glauben dann, daß das nur kurze Zeit geübte Stillen keinen Zweck habe. Dieser Auffassung müssen Sie nicht nur entgegentreten, sondern sogar die Mutter zu bewegen suchen, daß sie, auch wenn sie zur Arbeit geht, morgens und abends, womöglich auch mittags, ihr Kind anlegt, also Allaitement mixte übt. Aber auch wenn Sie die Mutter erst nach dem Wochenbett antreffen, so wissen Sie, daß nicht selten auch noch dann die Brust in Gang zu bringen ist, wenn vorher kein Versuch dazu gemacht wurde. Will eine Mutter Amme werden, so reden Sie ihr zu, mindestens 6 Wochen, womöglich länger, ihr eigenes Kind zu stillen, und wenn sie eine Ammenstelle übernommen hat, noch mehrmals zu ihrem Kind zu gehen, um es anzulegen, abzustillen und sich Nahrung für das fremde, oft schwach saugende Kind zu erhalten. Hat eine Mutter nicht die Mittel, um so lange bei ihrem Kinde bleiben zu können, so suchen Sie ihr mit Stillprämien zu helfen, die Ihnen überhaupt überall da gute Dienste leisten können, wo es sich darum handelt, eine Mutter möglichst lange Zeit dem Kind als Spenderin der natürlichen Nahrung zu erhalten, denn es ist nicht nur nötig, daß viele Mütter selbst nähren, sondern auch, daß sie recht lange nähren.

Wenn Sie alle diese Ratschläge befolgen, so werden Sie in Ihrer Tätigkeit bald Freude und Befriedigung finden. Gilt es doch in jedem Falle, ein Menschenleben zu erhalten. Nimmt die Sterblichkeit der Säuglinge in Ihrem Wirkungskreise ab, und wachsen die Säuglinge zu kräftigen gesunden Kindern heran, so haben Sie sich damit ein hohes Verdienst erworben und dürfen des Dankes und der Anerkennung aller Menschenfreunde gewiß sein.

Sachregister.

Abgußbad 94.
Abhalten 49.
Abkühlung 15.
Abkühlungspackung 90.
Abstillen 86.
Abtrocknen 17.
Abziehen der Milch 35.
Alaunbad 93.
Amme 26, 29.
Ammenkind 80.
Ammenkleidung 31.
Ammenmilch 30.
Ankleiden 21.
Anlegen des Mantels 81.
Ansteckende Krankheiten 55.
Ansteckung 74.
Apfelreis 97.
Armmanschetten 63, 84.
Asepsis 5.
Atemkrampf 68.
Atmung 11, 51.
  " künstliche 14, 52, 70.
Atmungsorgane 87.
Atmung, Zählung der 82.
Aufbewahren der Milch 37.
Auffangen von Erbrochenem 82.
Aufrichten 26.
Augen 10.
Augenentzündung 55.
Augentropfen 13, 55.
Auslese, künstliche 2.
  " natürliche 2.

Bad 12, 15.
Bäder, medizinische 93.
Badewasser 12.
Badethermometer 15.
Bakterien 5.
Ballonspritze 85.
Beikost 46, 96.
Beinahrung 45.
Beruhigungsmittel 49.
Besichtigung des Halses 82.
Bett 22.

Bettdecke 28.
Bettunterlage 23.
Bewußtseinstrübung 71.
Blähungen 72.
Blennorrhöe 55.
Blutungen 58.
Blutvergiftung 53.
Borwasser 78.
Boxensystem 78.
Brand 53.
Brechdurchfall 60.
Breie 47.
Breiumschlag 90.
Brühgrieß 96.
Brustdrüse 28.
  " Erkrankungen der 59.
Brustfellraum, Punktion des 87.
Brustkorb 9.
Brustumfang 9.
Brutschränke 69.
Buttermilchsuppe 99.

Colostrum 59.
Couveuse 69.

Darmkatarrhe 5.
Darmsonde 86.
Darmspülung 86.
Desinfektionsmittel 6.
Desinfizieren 6.
Diphtherie 62.
Durchfall 60, 80.
Durst 73, 79.

Eichenrindenbad 93.
Eingeben v. Medikam. 94.
Einspritzen v. Arzneilös. 95.
Eisschrank 79.
Eiter 48.
Eitererreger 53.
Eiweißmilch 98.
Ekzem 69.
Ekzemmaske 84.
Englische Krankheit 66.

Entwicklung d. Säugl. 7.
Erbrechen 60.
Ernährung d. Stillend. 31.
  " künstl. 37. 43.
  " natürl. 26, 32.
Ernährungsstörungen 60.
Erysipel 54.
Erziehung d. Säuglings 48.
Essigsaure Tonerde 54, 59.
Exsudative Diathese 68.

Federbetten 23, 80.
Flaschenfütterung 41.
Fliegen 77.
Fontanelle 9, 10.
Fruchtkuchen 9.
Fruchtsäfte 47.
Frühgeburt 69.
Frühgeburtenkoffer 71.
Funktionen d. Säugl. 7.
Furunkulose 66.

Gazenetz 23.
Gazeschleier 77, 78.
Geburtsgeschwulst 52.
Geburtsverletzungen 52.
Gehbarriere 25.
Gehör 10.
Gehversuche 10, 26.
Gelbsucht 11, 59.
Gemüse 98.
Gesichtsmaske 78, 81.
Gewicht 8.
Gneis 69.
Gonorrhöe 55.
Grammaflasche 40.
Graupen 44.
Greifversuche 10.
Grieß 44.
Grießbrei 97.
Grind 17.

Haferflocken 44.
Hafergrütze 44.
Halsentzündung 64.

Haltung d. Kindes 81.
Händewaschen 81.
Handgriffe 81.
Hasenscharte 58.
Häubchen 22.
Hautabschürfungen 52.
Hautentzündung 69.
Hautreize 14, 52.
Heilnahrungen 98.
Heilserum 62.
Hemdchen 21.
Hexenmilch 11, 59.
Hitzschlag 69.
Hygiene 5.

Jäckchen 21.
Jkterus 12, 59.
Impfung 63.
Infektionskeime 77.
Infektionskrankheiten 77.
Infizieren 6.
Injektionen, subkutane 95.
Instillation 86.
Intertrigo 66.
Irrigator 85.
Isolierstation 77.

Kamillenbad 93.
Kampferspritze 71.
Kartoffelbrei 97.
Kastanienbrei 97.
Keks 47.
Keuchhusten 62.
Kinderwagen 24.
Kindspech 9.
Kleidung 19.
Kleiebad 93.
Kleinschädel 59.
Klistier 61, 85.
Knochenbrüche 52.
Knochenerkrankungen 66.
Kochvorschriften 95.
Kollaps 51, 71.
Kompott 98.
Konstitution 68.
Kopf 8.
Kopfblutgeschwulst 53.
Kopfgeschwulst 53.
Kopfschuppen 17.
Kopfschweiße 67.
Körperb. d. Säuglings 7.
Körperlänge 8.
Körperwärme 11.
Krämpfe 60, 67.

Kraniotabes 66.
Krankh. d. Neugebor. 52.
 „   d. Säugl. 60.
Krankheitsübertragung 76.
Kuhmilch 27, 37.
Küssen 76.

Lächeln 6.
Lagewechsel 23, 26, 65.
Lähmungen 52.
Larosanmilch 99.
Laryngospasmus 67.
Leibes, Auftreib. des 60.
Leibschmerzen 72.
Linoleum 24.
Lues 57.
Luftbad 73.
Luftröhrenkatarrh 64.
Lüftung 25.
Lumbalpunktion 87.
Lungen, Erkrankung. d. 64.

Magen 9.
Magenausheberung 87.
Magendarmkanal 58.
Magenspülung 87.
Mahlzeiten, Zahl der 44.
Makkaroni 97.
Malzextrakt 44.
Malzsuppe 100.
Masern 62.
Matratze 22.
Maximalthermometer 82.
Mehlabkochung 96.
Mehldiät 61.
Mekonium 9.
Melken 37.
Milchkonserven 44.
Milchmischung 38.
Milchpumpe 28.
Milchreis 97.
Milchzucker 44.
Mißbildungen 12, 58.
Mittelohrentzündung 64.
Mundreinigung 13.
Muskeln 9.

Nabelblutung 58.
Nabelentzündung 53.
Nabelpflaster 84.
Nabelschnur 9, 53.
Nabelschnurrest 15.
Nabelverband 12.
Nabelwunde 53.

Nägel 9, 17.
Nagelreiniger 75.
Nährmaltose 44.
Nahrungsmenge 33, 42.
Nahrungspausen 48.
Nähte 9.
Nase, Blutung der 58.
Nervosität 68.
Neugeborenes 14.
Nudeln 97.

Obstsaft 98.
Ohrenerkrankungen 64.
Ohrläppchen, Durchstech. des 64.
Ohrtrompete 64.

Packungen 88.
Pasteurisieren 39.
Pemphigus 56.
Pflege d. ges. Säuglings 11.
 „   b. krank. Säuglings 50.
 „   in d. heißen Zeit 80.
Pflegeregeln 26.
Phlegmone 54.
Pipette 70.
Puderbüchse 75.
Pudern 75.
Puls 11, 51.
Puls, Zählung des 83.
Punktion 87.
Prießnitzumschlag 90.
Probepunktion 87.

Quark 98.

Rachitis 66.
Reisbrei 97.
Rekordspritze 95.
Rosenkranz 66.

Sabadyllessig 84.
Salzbad 93.
Sauger 35, 40.
Säuglingsfürsorge 2.
Säuglingskrankheiten 50.
Säuglingspflegerin, Beruf der 3.
Säuglingssterblichkeit 1.
Saugreiz 28.
Schädelknochen 8.
Schälblasen 56.
Scharlach 62.
Scheibenblutung 58.

Scheintod 52.
Schielen 10.
Schlaf 10.
Schleim 95.
Schleimabkochung 44.
Schleimhäute 9.
Schmierinfektion 25, 65.
Schmierseifeneinreib. 94.
Schniefen 57.
Schnupfen 57, 62, 68.
Schnuller 48, 72.
Schreien 72.
Schuhe 22.
Schulzesche Schwing. 14.
Schwämmchen 60.
Schwefelbad 93.
Schwitzpackung 90.
Seifenwaschung 75.
Senfbad 93.
Senfpackung 92.
Senfwickel 92.
Sepsis 54.
Sitzversuche 10.
Sommersterblichkeit 78.
Soor 60.
Soxhlet 89.
Soxhlets Nährzucker 44.
Speikinder 46.
Spielsachen 25.
Spielstühlchen 25.
Ställchen 25.
Steckbett 22.
Steckkissen 22.
Steißfußgeschwulst 58.
Sterilisation 88.
Sterilität 6.
Stillen 26, 81.
Stillfähigkeit 27.
Stillversuche 83.
Stimmritzenkrampf 57.
Stimmungswechsel 51.

Strümpfe 22.
Stuhl 9.
Sublimatbad 94.
Syphilis 56, 57, 66.

Talkum 19.
Tanninbad 93.
Tee 80, 98.
Temperatur 24, 59, 61.
Temperatursteigerung 60.
Temperaturmssg. 76, 82.
Tetanus 54.
Thermometer 70.
„ Abbrechen des 83.
Tiermilch 87.
Ton 19.
Tragen des Kindes 26.
Tragkleidchen 22.
Trinkflasche 40.
Trinkmenge 84, 46.
Trinkzeit 42.
Tripper 55.
Trockenlegen 18.
Tröpfcheneinlauf 86.
Tropfklisma 86.
Tuberkelbazillen 65.
Tuberkulose 65.

Überfütterung 72.
Übergießungsbad 70.
Übermangansaures Kalibad 93.
Umschläge 88.
Undinen 70.
Ungeziefer 84.
Unruhe 72.
Untersuchung b. Kindes 82.
Urin 9.
„ Auffangen des 83.

Veranlagung, abnorme 68.
Verdauungskrankh. 66.

Verdauungsstörung 72.
Verordnungen, Ausführung von 81.
Verstopfung 61, 72.

Wägen 83.
Wärmewannen 69.
Wärmekammern 69.
Wärmekrüge 88.
Wärmflaschen 70.
Waschen 74.
Wasserbehandlung 88.
Wasserkopf 59.
Wasserleitungshahn 76.
Wickeltisch 24.
Wickeltuch 21.
Wiederbelebung scheintoter Kinder 13.
Wiege 28.
Windel 21.
Windelhöschen 22.
Windpocken 68.
Wochenfluß 18.
Wolfsrachen 59.
Wundinfektionskrankh. 66.
Wundrose 54, 66.
Wundsein 18, 66.
Wundstarrkrampf 54, 66.

Zahnentwicklung 10.
Zahnkrankheiten 11.
Zellgewebsentz. 54, 66.
Ziehkinderorganisat. 101.
Zimmer 24.
Zinkpuder 19.
Zubereitung der Milchmischungen 88.
Zudecken 28.
Zugluft 28.
Zwiebad 47
Zwiebackbrei 97.
Zwiemilchernährung 85.

Verlag von **Julius Springer** in Berlin W 9

Die Schwester

Illustrierte Monatsschrift
für die Berufsfortbildung auf dem gesamten Gebiete der Krankenpflege

Herausgegeben von
Dr. med. **Paul Mollenhauer** und Oberin **Elsa Hilliger**

Erscheint monatlich einmal; Preis für den Jahrgang M. 8.—.

Verlag von J. F. Bergmann in München

Grundriß der Säuglingskunde. Ein Leitfaden für Schwestern, Pflegerinnen und andere Organe der Säuglingsfürsorge. Von Prof. Dr. **St. Engel**, Leiter der staatl. anerkannten Säuglingspflegeschule der Stadt Dortmund. Mit 94 Textabbildungen nebst einem **Grundriß der Säuglingsfürsorge** von Dr. **Marie Baum**, Hamburg. Mit 13 Textabbildungen. Siebente und achte Auflage. 1919. Preis gebunden M. 10.—.

Leitfaden zur Pflege der Wöchnerinnen und Neugeborenen zum Gebrauche für Wochenpflege- und Hebammen-Schülerinnen. Von Med.-Rat Prof. Dr. **Heinrich Walther**, Hebammenlehrer und Frauenarzt in Gießen. Mit einem Vorwort zur 1. Auflage von Geh. Med.-Rat Prof. Dr. **Herm. Löhlein** †. Sechste, vermehrte und verbesserte Auflage. Mit 43 Textfiguren. 25 Temperaturzettel in Briefumschlag. 1918. Preis gebunden M. 5.60.

Schwestern-Lehrbuch zum Gebrauch für Schwestern und Krankenpfleger. Von Privatdozent Dr. **Walter Lindemann**, Oberarzt der Frauenklinik in Halle a. S. Mit zahlreichen Textabbildungen. 1918. Preis gebunden M. 7.—.

Grundriß der Gesundheitsfürsorge. Zum Gebrauch für Schwestern, Kreisfürsorgerinnen, Sozialbeamtinnen und andere Organe der vorbeugenden offenen Fürsorge bestimmt. Unter Mitwirkung von A. v. Gierke-Charlottenburg, Dr. Josephine Höber-Kiel, Reg.-Rat Dr. Kampffmeyer-Karlsruhe u. a., herausgegeben von Dr. **Marie Baum**, Leiterin der sozialen Frauenschule des sozialpädagogischen Institutes in Hamburg. Mit 59 Abbildungen und 1 Tafel. 1919. Preis M. 22.—.

Hierzu Teuerungszuschläge.

Säuglingspflegefibel von Schwester **Antonie Zerwer**. Mit einem Vorwort von Prof. Dr. Leo Langstein, Direktor des Kaiserin Auguste Viktoria-Hauses zur Bekämpfung der Säuglingssterblichkeit im Deutschen Reiche, Berlin-Charlottenburg. Mit 42 Abbildungen. Vierte, unveränderte Auflage. Neudruck (131.—180. Tausend). 1917.
Preis kartoniert M. —.90.
Bei Abnahme von mindestens 20 Expl. je 80 Pf., von mindestens 50 Expl. je 70 Pf., von mindestens 100 Expl. je 60 Pf.

Kinderpflegelehrbuch. Von Prof. Dr. **A. Keller** und Prof. Dr. **W. Birk** mit einem Beitrage von Dr. **A. T. Möller**. Mit 43 Textabbildungen. Dritte, vollständig neubearbeitete Auflage. 1917.
Preis kartoniert M. 2.40.

System der Ernährung. Von Dr. **Clemens Freiherr von Pirquet**, o. ö. Professor der Kinderheilkunde an der Universität Wien.
I. Teil. Mit 3 Tafeln und 17 Abbildungen. 1917. Unveränderter Neudruck.
Preis M. 8.—.
II. Teil. Mit Beiträgen von Prof. Dr. **B. Schick**, Dr. **E. Nobel** und Dr. **E. von Groer**. Mit 48 Abbildungen. 1919.
Preis M. 18.—.
III. Teil. Die Nemküche. Mit Beiträgen von Schwester **Johanna Dittrich**, Schwester **Marietta Lendl**, Frau **Rosa Miari** und Schwester **Paula Panzer**. 1919. Preis M. 10.—.
IV. Teil. In Vorbereitung.

Atlas der Hygiene des Säuglings und Kleinkindes. Für Unterricht und Belehrungszwecke herausgegeben mit Unterstützung des Hauptvorstandes des Vaterländischen Frauenvereins (Hauptvereins). Von Prof. Dr. **Langstein**, Direktor des Kaiserin Auguste Viktoria-Hauses zur Bekämpfung der Säuglingssterblichkeit im Deutschen Reiche, und Dr. **Rott**, Direktor des Organisationsamtes für Säuglingsschutz der Kaiserin Auguste Viktoria Haus-Stiftung. 100 Tafeln im Format 35 : 50 cm. 1918.
Preis in Mappe M. 120.—.

Leitfaden der Krankenpflege in Frage und Antwort. Für Krankenpflegeschulen und Schwesternhäuser. Von Stabsarzt Dr. **J. Haring**, bislang staatl. Prüfungskommissar an der Krankenpflegeschule des Carolahauses zu Dresden. Dritte, verbesserte Auflage. Mit einem Vorwort von Prof. Dr. med. A. Fiebler. 1913. Unveränderter Neudruck (34.—43. Tausend). 1919.
Preis kartoniert M. 3.60.
Bei gleichzeitiger Bestellung von mindestens 10 Expl. je M. 3.30.

Hierzu Teuerungszuschläge.

MIX
Papier aus verantwortungsvollen Quellen
Paper from responsible sources
FSC® C105338

If you have any concerns about our products,
you can contact us on
ProductSafety@springernature.com

In case Publisher is established outside the EU,
the EU authorized representative is:
**Springer Nature Customer Service Center GmbH
Europaplatz 3, 69115 Heidelberg, Germany**

Printed by Libri Plureos GmbH
in Hamburg, Germany